崧燁文化

曹永忠、許智誠、蔡英德　著

工業流程控制系統開發
流程雲端化-自動化條碼掃描驗收)

Using Automatic Barcode Reader to Production Acceptance to Adopt the Product-Flow into Clouding Platform (Industry 4.0 Series)

序

　　工業 4.0 系列的書是我出版至今七年多，出書量也破百本大關，當初出版電子書是希望能夠在教育界開一門 Maker 自造者相關的課程，沒想到一寫就已過 7 年，繁簡體加起來的出版數也已破百本的量，這些書都是我學習當一個 Maker 累積下來的成果。

　　這本書可以說是我的書另一個里程碑，很久以前，這個系列開始以駭客的觀點為主，希望 Maker 可以擁有駭客的觀點、技術、能力，駭入每一個產品設計思維，並且成功的重製、開發、超越原有的產品設計，這才是一位對社會有貢獻的『駭客』。

　　如許多學習程式設計的學子，為了最新的科技潮流，使用著最新的科技工具與軟體元件，當他們面對許多原有的軟體元件沒有支持的需求或軟體架構下沒有直接直持的開發工具，此時就產生了莫大的開發瓶頸，這些都是為了追求最新的科技技術而忘卻了學習原有基礎科技訓練所致。

　　筆著鑒於這樣的困境，思考著『如何駭入眾人知識寶庫轉換為我的知識』的思維，如果我們可以駭入產品結構與設計思維，那麼了解產品的機構運作原理與方法就不是一件難事了。更進一步我們可以將原有產品改造、升級、創新，並可以將學習到的技術運用其他技術或新技術領域，透過這樣學習思維與方法，可以更快速的掌握研發與製造的核心技術，相信這樣的學習方式，會比起在已建構好的開發模組或學習套件中學習某個新技術或原理，來的更踏實的多。

　　目前許多學子在學習程式設計之時，恐怕最不能了解的問題是，我為何要寫九九乘法表、為何要寫遞迴程式，為何要寫成函式型式…等等疑問，只因為在學校的學子，學習程式是為了可以了解『撰寫程式』的邏輯，並訓練且建立如何運用程式邏輯的能力，解譯現實中面對的問題。然而現實中的問題往往太過於複雜，授課的老師無法有多餘的時間與資源去解釋現實中複雜問題，期望能將現實中複雜問題淬鍊成邏輯上的思路，加以訓練學生其解題思路，但是眾多學子宥於現實問題的困惑，無法單純用純粹的解題思路來進行學習與訓練，反而以現實中的複雜來反駁老師教學太過學理，沒有實務上的應用為由，拒絕深入學習，這樣的情形，反而自己造成了學習上的障礙。

本系列的書籍，針對目前學習上的盲點，希望讀者當一位產品駭客，將現有產品的產品透過逆向工程的手法，進而了解核心控制系統之軟硬體，再透過簡單易學的 Arduino 單晶片與 C 語言，重新開發出原有產品，進而改進、加強、創新其原有產品固有思維與架構。如此一來，因為學子們進行『重新開發產品』過程之中，可以很有把握的了解自己正在進行什麼，對於學習過程之中，透過實務需求導引著開發過程，可以讓學子們讓實務產出與邏輯化思考產生關連，如此可以一掃過去陰霾，更踏實的進行學習。

這七年多以來的經驗分享，逐漸在這群學子身上看到發芽，開始成長，覺得 Maker 的教育方式，極有可能在未來成為教育的主流，相信我每日、每月、每年不斷的努力之下，未來 Maker 的教育、推廣、普及、成熟將指日可待。

最後，請大家可以加入 Open Knowledge 的行列。

曹永忠 於貓咪樂園

自序

記得自己在大學資訊工程系修習電子電路實驗的時候,自己對於設計與製作電路板是一點興趣也沒有,然後又沒有天分,所以那是苦不堪言的一堂課,還好當年有我同組的好同學,努力的照顧我,命令我做這做那,我不會的他就自己做,如此讓我解決了資訊工程學系課程中,我最不擅長的課。

當時資訊工程學系對於設計電子電路課程,大多數都是專攻軟體的學生去修習時,系上的用意應該是要大家軟硬兼修,尤其是在台灣這個大部分是硬體為主的產業環境,但是對於一個軟體設計,但是缺乏硬體專業訓練,或是對於眾多機械機構與機電整合原理不太有概念的人,在理解現代的許多機電整合設計時,學習上都會有很多的困擾與障礙,因為專精於軟體設計的人,不一定能很容易就懂機電控制設計與機電整合。懂得機電控制的人,也不一定知道軟體該如何運作,不同的機電控制或是軟體開發常常都會有不同的解決方法。

除非您很有各方面的天賦,或是在學校巧遇名師教導,否則通常不太容易能在機電控制與機電整合這方面自我學習,進而成為專業人員。

而自從有了 Arduino 這個平台後,上述的困擾就大部分迎刃而解了,因為 Arduino 這個平台讓你可以以不變應萬變,用一致性的平台,來做很多機電控制、機電整合學習,進而將軟體開發整合到機構設計之中,在這個機械、電子、電機、資訊、工程等整合領域,不失為一個很大的福音,尤其在創意掛帥的年代,能夠自己創新想法,從 Original Idea 到產品開發與整合能夠自己獨立完整設計出來,自己就能夠更容易完全了解與掌握核心技術與產業技術,整個開發過程必定可以提供思維上與實務上更多的收穫。

Arduino 平台引進台灣自今,雖然越來越多的書籍出版,但是從設計、開發、製作出一個完整產品並解析產品設計思維,這樣產品開發的書籍仍然鮮見,尤其是能夠從頭到尾,利用範例與理論解釋並重,完完整整的解說如何用 Arduino 設計出一個完整產品,介紹開發過程中,機電控制與軟體整合相關技術與範例,如此的書籍更是付之闕如。永忠、英德兄與敝人計畫撰寫 Maker 系列，就是基於這樣對市場需要的觀察，開發出這樣的書籍。

　　作者出版了許多的 Arduino 系列的書籍，深深覺的，基礎乃是最根本的實力，所以回到最基礎的地方，希望透過最基本的程式設計教學，來提供眾多的 Makers 在入門 Arduino 時，如何開始，如何攥寫自己的程式，進而介紹不同的週邊模組，主要的目的是希望學子可以學到如何使用這些週邊模組來設計程式，期望在未來產品開發時，可以更得心應手的使用這些週邊模組與感測器，更快將自己的想法實現，希望讀者可以了解與學習到作者寫書的初衷。

許智誠　　於中壢雙連坡中央大學 管理學院

自序

　　隨著資通技術(ICT)的進步與普及，取得資料不僅方便快速，傳播資訊的管道也多樣化與便利。然而，在網路搜尋到的資料卻越來越巨量，如何將在眾多的資料之中篩選出正確的資訊，進而萃取出您要的知識？如何獲得同時具廣度與深度的知識？如何一次就獲得最正確的知識？相信這些都是大家共同思考的問題。

　　為了解決這些困惱大家的問題，永忠、智誠兄與敝人計畫製作一系列「Maker系列」書籍來傳遞兼具廣度與深度的軟體開發知識，希望讀者能利用這些書籍迅速掌握正確知識。首先規劃「以一個 Maker 的觀點，找尋所有可用資源並整合相關技術，透過創意與逆向工程的技法進行設計與開發」的系列書籍，運用現有的產品或零件，透過駭入產品的逆向工程的手法，拆解後並重製其控制核心，並使用 Arduino 相關技術進行產品設計與開發等過程，讓電子、機械、電機、控制、軟體、工程進行跨領域的整合。

　　近年來 Arduino 異軍突起，在許多大學，甚至高中職、國中，甚至許多出社會的工程達人，都以 Arduino 為單晶片控制裝置，整合許多感測器、馬達、動力機構、手機、平板...等，開發出許多具創意的互動產品與數位藝術。由於 Arduino 的簡單、易用、價格合理、資源眾多，許多大專院校及社團都推出相關課程與研習機會來學習與推廣。

　　以往介紹 ICT 技術的書籍大部份以理論開始、為了深化開發與專業技術，往往忘記這些產品產品開發背後所需要的背景、動機、需求、環境因素等，讓讀者在學習之間，不容易了解當初開發這些產品的原始創意與想法，基於這樣的原因，一般人學起來特別感到吃力與迷惘。

　　本書為了讀者能夠深入了解產品開發的背景，本系列整合 Maker 自造者的觀念與創意發想，深入產品技術核心，進而開發產品，只要讀者跟著本書一步一步研習與實作，在完成之際，回頭思考，就很容易了解開發產品的整體思維。透過這樣的思路，讀者就可以輕易地轉移學習經驗至其他相關的產品實作上。

所以本書是能夠自修的書，讀完後不僅能依據書本的實作說明準備材料來製作，盡情享受DIY(Do It Yourself)的樂趣，還能了解其原理並推展至其他應用。有興趣的讀者可再利用書後的參考文獻繼續研讀相關資料。

　　本書的發行有新的創舉，就是以電子書型式發行，在國家圖書館(http://www.ncl.edu.tw/)、國立公共資訊圖書館 National Library of Public Information(http://www.nlpi.edu.tw/)、台灣雲端圖庫(http://www.ebookservice.tw/)等都可以免費借閱與閱讀，如要購買的讀者也可以到許多電子書網路商城、Google Books 與 Google Play 都可以購買之後下載與閱讀。希望讀者能珍惜機會閱讀及學習，繼續將知識與資訊傳播出去，讓有興趣的眾人都受益。希望這個拋磚引玉的舉動能讓更多人響應與跟進，一起共襄盛舉。

　　本書可能還有不盡完美之處，非常歡迎您的指教與建議。近期還將推出其他 Arduino 相關應用與實作的書籍，敬請期待。

　　最後，請您立刻行動翻書閱讀。

　　　　　　　　　　　　　　　　　　　蔡英德 於台中沙鹿靜宜大學主顧樓

目 錄

ix

工業 4.0 系列

近年來，工業 4.0 成為當紅炸子雞，但是許多人還是不懂工業 4.0 帶來的意義為何，簡單的說，就是大量運用自動化機器人、感測器物聯網、供應鏈網路、將整個生產過程與機械製造，透過不同的感測器，將生產過程所有變化進行資料記錄之後，可將其資料進行生產資料之大數據分析…等等，進而透過自動化、人機協作等方式提升製造價值鏈之生產力及品質提升。

本書是『工業 4.0 系列』介紹流程雲端化的一本書，主要在工業流程控制系統開發中，我們可以發現，產品驗收往往是最難自動化的一環，雖然產品與產品包裝大多以應用條碼在生產流程上的控制，但是驗收中掃描生產產品的條碼，大多仍在作業元手動掃描，本書就是要使用工業級的條碼掃描模組，透過開發板的連接後，將驗收資料自動上傳到雲端。

所以本書為工業流程控制系統開發之流程雲端化的開發書籍，書名為『工業流程控制系統開發(流程雲端化-自動化條碼掃描驗收)』，主要介紹流程自動化的一環，驗收自動化，雖然在台灣，許許多多的工廠，雖然大量使用電腦資訊科技，但是生產線上的驗收或出貨控制，許多工廠雖然已經大量使用條碼、RFID、甚至是 QR Code…等等，但是在最終出貨處，仍有許多工廠還在仍然採用人工掃描出貨產品的條碼等，來做為出貨的憑據。

如果我們使用目前當紅的 Ameba RTL 8195 開發板，透過它擅長的 Wifi 通訊功能，結合 RS232 通訊模組，我們就可以使用市售的條碼掃描模組，並使用 RS232 等工業通訊方式的來取得條碼內容，如此一來我們就可以使用網際網路或物聯網的方式：如網頁瀏覽器、APPs 手機應用程式等方式，立即顯示出貨情形，並且透過網頁方式，居於遠端的管理者或客戶，也可以使用行動裝置查看出貨情形，對於工業上開發與發展，也算一個貢獻。

流程自動化一向是產業升級不二法門，生產過程資訊雲端化更是目前產業重要趨勢，本書將生產中最後一道關口進行雲端化，僅是一個效益較可見的範例，最後期望讀者在閱讀之後可以將其功能進階到工業 4.0 上更實務的應用。

1
CHAPTER

開發版介紹

Ameba RTL8195AM 開發板是一個 Arduino 相容的開發板(曹永忠, 吳佳駿, 許智誠, & 蔡英德, 2016a, 2016b, 2016c, 2016d, 2016e, 2017a, 2017b; 曹永忠, 許智誠, & 蔡英德, 2016a, 2016b)，非常適用於物聯網的系統開發，本身具備 WiFi 連接功能，還包括一個 NFC 標籤。Ameba RTL8195AM 開發板的核心是 Realtek RTL8195AM ARM Cortex M3 MCU，具備 WiFi 連接，硬體 SSL，SRAM 和 Flash Memory (下圖所示)。

(a). Ameba RTL 8195 開發板

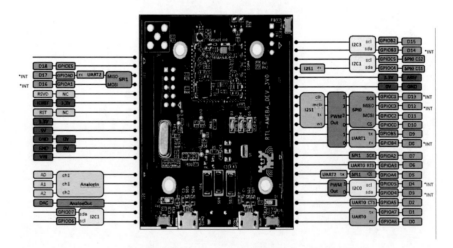

(b). Ameba RTL 8195 開發板腳位一覽圖

圖 1 Ameba RTL8195AM

Ameba RTL8195AM 開發板硬體規格如下

- CPU － 32 位 ARM Cortex M3，高達 166MHz
- 內存- 1MB ROM，512KB SRAM，2MB SDRAM 附加 2MB 閃存
- 與 802.11 b / g / n 1×1 Wi-Fi 集成
- 具有讀/寫功能的 NFC 標籤
- 10/100 以太網 MII / RMII / RGMII 接口
- 包括 WiFi 天線設計，板上印刷天線和高增益偶極天線
- USB OTG
- SDIO 設備/ SD 卡控制器
- 硬件 SSL 引擎
- 最多 30 個 GPIO
- 2 個 SPI 接口，支持主從模式
- 3 個 UART 接口，包括 2 個 HS-UART 和 1 個對數 UART
- 4 個 I2C 接口，支持主模式和從模式
- 2 I2S / PCM 接口，支持主模式和從模式
- 4 個 PWM 接口
- 2 個 ADC 接口
- 1 個 DAC 接口

　　本章主要介紹讀者如何使用 Ameba RTL8195AM 使用網路基本資源，並瞭解如何聯上網際網路，並取得網路基本資訊，希望讀者可以了解如何使用網際網路與取得網路基本資訊的用法。

取得自身網路卡編號

　　在網路連接議題上，網路卡編號(MAC address)在資訊安全上，佔著很重要的關鍵因素，所以如何取得 Ameba RTL8195AM 開發版的網路卡編號(MAC address)，當然物聯網程式設計中非常重要的基礎元件，所以本節要介紹如何取得自身網路卡編號，透過攥寫程式來取得網路卡編號(MAC address)(曹永忠, 2016; 曹永忠, 許智誠, & 蔡英德, 2015c, 2015d)。

取得自身網路卡編號實驗材料

如下圖所示,這個實驗我們需要用到的實驗硬體有下圖.(a)的 Ameba RTL8195AM、下圖.(b) MicroUSB 下載線:

(a). Ameba RTL8195AM　　　　　(b). MicroUSB 下載線

圖 2 取得自身網路卡編號材料表

讀者可以參考下圖所示之取得自身網路卡編號連接電路圖,進行電路組立。

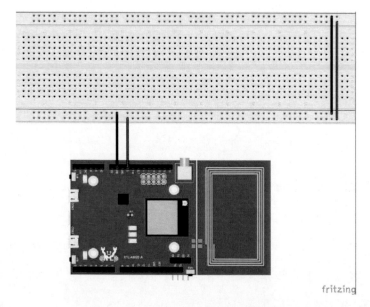

圖 3 取得自身網路卡編號連接電路圖

我們遵照前幾章所述,將 Ameba RTL8195AM 開發板的驅動程式安裝好之後,

我們打開 Ameba RTL8195AM 開發板的開發工具:Sketch IDE 整合開發軟體(軟體下

載請到:https://www.arduino.cc/en/Main/Software,安裝 Ameba RTL8195AM SDK 請參

考附錄之 Ameba RTL8195AM 安裝驅動程式),攢寫一段程式,如下表所示之取得

自身網路卡編號測試程式,取得取得自身網路卡編號。

表 1 取得自身網路卡編號測試程式

取得自身網路卡編號測試程式(checkMac)
| ```
#include <WiFi.h>
uint8_t MacData[6];

String MacAddress ;

void setup() {
  Serial.begin(9600) ;
    while (!Serial) {
     ; // wait for serial port to connect. Needed for native USB port only
    }
  MacAddress = GetWifiMac() ;
    ShowMac() ;

}

void loop() { // run over and over

}

void ShowMac()
{

    Serial.print("MAC:");
    Serial.print(MacAddress);
    Serial.print("\n");
``` |
```

```
}


String GetWifiMac()
{
    String tt ;
     String t1,t2,t3,t4,t5,t6 ;
     WiFi.status();      //this method must be used for get MAC
   WiFi.macAddress(MacData);

   Serial.print("Mac:");
    Serial.print(MacData[0],HEX) ;
    Serial.print("/");
    Serial.print(MacData[1],HEX) ;
    Serial.print("/");
    Serial.print(MacData[2],HEX) ;
    Serial.print("/");
    Serial.print(MacData[3],HEX) ;
    Serial.print("/");
    Serial.print(MacData[4],HEX) ;
    Serial.print("/");
    Serial.print(MacData[5],HEX) ;
    Serial.print("~");

   t1 = print2HEX((int)MacData[0]);
   t2 = print2HEX((int)MacData[1]);
   t3 = print2HEX((int)MacData[2]);
   t4 = print2HEX((int)MacData[3]);
   t5 = print2HEX((int)MacData[4]);
   t6 = print2HEX((int)MacData[5]);
 tt = (t1+t2+t3+t4+t5+t6) ;
Serial.print(tt);
Serial.print("\n");

  return tt ;
```

```
}
String    print2HEX(int number) {
    String ttt ;
    if (number >= 0 && number < 16)
    {
        ttt = String("0") + String(number,HEX);
    }
    else
    {
        ttt = String(number,HEX);
    }
    return ttt ;
}
```

　　如下圖所示，我們可以看到取得自身網路卡編號結果畫面。

圖 4 取得自身網路卡編號結果畫面

取得環境可連接之無線基地台

在網路連接議題上，取得環境可連接之無線基地台是非常重要的一個關鍵點，當然如果知道可以上網的基地台，就直接連上就好，但是如果可以取得環境可連接之無線基地台的所有資訊，那將是一大助益，所以文將會教讀者如何取得取得環境可連接之無線基地台，透過撰寫程式來取得取得環境可連接之無線基地台(Access Point)。

取得環境可連接之無線基地台實驗材料

如下圖所示，這個實驗我們需要用到的實驗硬體有下圖.(a)的 Ameba RTL8195AM、下圖.(b) MicroUSB 下載線：

(a). Ameba RTL8195AM

(b). MicroUSB 下載線

圖 5 取得環境可連接之無線基地台材料表

讀者可以參考下圖所示之取得環境可連接之無線基地台連接電路圖，進行電路組立。

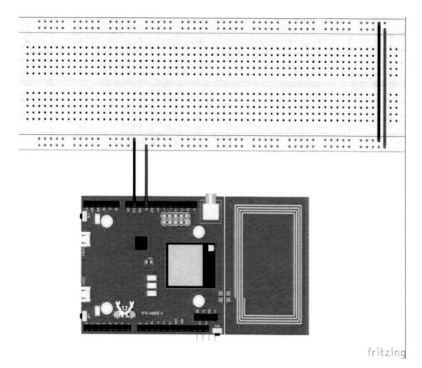

圖 6 取得環境可連接之無線基地台連接電路圖

　　我們遵照前幾章所述,將 Ameba RTL8195AM 開發板的驅動程式安裝好之後,

我們打開 Ameba RTL8195AM 開發板的開發工具:Sketch IDE 整合開發軟體(軟體下

載請到:https://www.arduino.cc/en/Main/Software,安裝 Ameba RTL8195AM SDK 請參

考附錄之 Ameba RTL8195AM 安裝驅動程式),攥寫一段程式,如下表所示之取得

環境可連接之無線基地台測試程式,取得可以掃瞄到的無線基地台(Access Points)。

表 2 取得環境可連接之無線基地台測試程式

取得環境可連接之無線基地台測試程式(ScanNetworks)

#include <WiFi.h>
 	
void setup() {
　//Initialize serial and wait for port to open:
　Serial.begin(9600);
　while (!Serial) {

```arduino
    ; // wait for serial port to connect. Needed for native USB port only
  }

  // check for the presence of the shield:
  if (WiFi.status() == WL_NO_SHIELD) {
    Serial.println("WiFi shield not present");
    // don't continue:
    while (true);
  }

  String fv = WiFi.firmwareVersion();
  if (fv != "1.1.0") {
    Serial.println("Please upgrade the firmware");
  }

  // Print WiFi MAC address:
  printMacAddress();

}

void loop() {
  // scan for existing networks:
  Serial.println("Scanning available networks...");
  listNetworks();
  delay(20000);
}

void printMacAddress() {
  // the MAC address of your Wifi shield
  byte mac[6];

  // print your MAC address:
  WiFi.macAddress(mac);
  Serial.print("MAC: ");
  Serial.print(mac[5], HEX);
  Serial.print(":");
  Serial.print(mac[4], HEX);
  Serial.print(":");
```

```
    Serial.print(mac[3], HEX);
    Serial.print(":");
    Serial.print(mac[2], HEX);
    Serial.print(":");
    Serial.print(mac[1], HEX);
    Serial.print(":");
    Serial.println(mac[0], HEX);
}

void listNetworks() {
    // scan for nearby networks:
    Serial.println("** Scan Networks **");
    int numSsid = WiFi.scanNetworks();
    if (numSsid == -1) {
        Serial.println("Couldn't get a wifi connection");
        while (true);
    }

    // print the list of networks seen:
    Serial.print("number of available networks:");
    Serial.println(numSsid);

    // print the network number and name for each network found:
    for (int thisNet = 0; thisNet < numSsid; thisNet++) {
        Serial.print(thisNet);
        Serial.print(") ");
        Serial.print(WiFi.SSID(thisNet));
        Serial.print("\tSignal: ");
        Serial.print(WiFi.RSSI(thisNet));
        Serial.print(" dBm");
        Serial.print("\tEncryptionRaw: ");
        printEncryptionTypeEx(WiFi.encryptionTypeEx(thisNet));
        Serial.print("\tEncryption: ");
        printEncryptionType(WiFi.encryptionType(thisNet));
    }
}

void printEncryptionTypeEx(uint32_t thisType) {
```

```
/*   Arduino wifi api use encryption type to mapping to security type.
 *   This function demonstrate how to get more richful information of security type.
 */
switch (thisType) {
  case SECURITY_OPEN:
    Serial.print("Open");
    break;
  case SECURITY_WEP_PSK:
    Serial.print("WEP");
    break;
  case SECURITY_WPA_TKIP_PSK:
    Serial.print("WPA TKIP");
    break;
  case SECURITY_WPA_AES_PSK:
    Serial.print("WPA AES");
    break;
  case SECURITY_WPA2_AES_PSK:
    Serial.print("WPA2 AES");
    break;
  case SECURITY_WPA2_TKIP_PSK:
    Serial.print("WPA2 TKIP");
    break;
  case SECURITY_WPA2_MIXED_PSK:
    Serial.print("WPA2 Mixed");
    break;
  case SECURITY_WPA_WPA2_MIXED:
    Serial.print("WPA/WPA2 AES");
    break;
  }
}

void printEncryptionType(int thisType) {
  // read the encryption type and print out the name:
  switch (thisType) {
    case ENC_TYPE_WEP:
      Serial.println("WEP");
      break;
    case ENC_TYPE_TKIP:
```

```
        Serial.println("WPA");
        break;
    case ENC_TYPE_CCMP:
        Serial.println("WPA2");
        break;
    case ENC_TYPE_NONE:
        Serial.println("None");
        break;
    case ENC_TYPE_AUTO:
        Serial.println("Auto");
        break;
    }
}
```

　　如下圖所示，我們可以看到取得環境可連接之無線基地台。

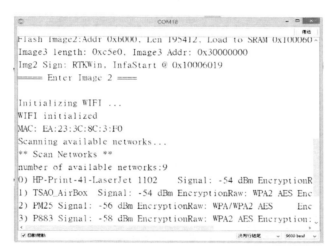

圖 7 取得環境可連接之無線基地台結果畫面

連接無線基地台

　　本文要介紹讀者如何透過連接無線基地台來上網，並了解 Ameba RTL8195AM
如何透過外加網路函數來連接無線基地台(曹永忠, 2016)。

連接無線基地台實驗材料

如下圖所示，這個實驗我們需要用到的實驗硬體有下圖.(a)的 Ameba RTL8195AM、下圖.(b) MicroUSB 下載線：

(a). Ameba RTL8195AM　　　　　(b). MicroUSB 下載線

圖 8 連接無線基地台材料表

讀者可以參考下圖所示之連接無線基地台連接電路圖，進行電路組立(曹永忠, 2016)。

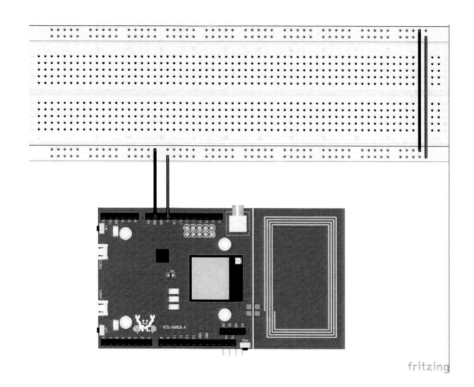

圖 9 連接無線基地台電路圖

　　我們遵照前幾章所述，將 Ameba RTL8195AM 開發板的驅動程式安裝好之後，
我們打開 Ameba RTL8195AM 開發板的開發工具：Sketch IDE 整合開發軟體(軟體下
載請到：https://www.arduino.cc/en/Main/Software，安裝 Ameba RTL8195AM SDK 請參
考附錄之 Ameba RTL8195AM 安裝驅動程式)，攫寫一段程式，如下表所示之連接
無線基地台測試程式，透過無線基地台連上網際網路。

表 3 連接無線基地台測試程式(WPA 模式)

連接無線基地台測試程式(WPA 模式) (CheckAP_ConnectWithWPA)
#include <WiFi.h>
uint8_t MacData[6];
char ssid[] = "PM25";　　　　// your network SSID (name)
char pass[] = "qq12345678";　　　// your network password

```
IPAddress   Meip ,Megateway ,Mesubnet ;
String MacAddress ;
int status = WL_IDLE_STATUS;


void setup() {
  MacAddress = GetWifiMac() ;
    ShowMac() ;
        initializeWiFi();
        printWifiData() ;
}

void loop() { // run over and over

}

void ShowMac()
{

    Serial.print("MAC:");
    Serial.print(MacAddress);
    Serial.print("\n");


}




String GetWifiMac()
{
   String tt ;
    String t1,t2,t3,t4,t5,t6 ;
    WiFi.status();      //this method must be used for get MAC
  WiFi.macAddress(MacData);

  Serial.print("Mac:");
   Serial.print(MacData[0],HEX) ;
```

```
        Serial.print("/");
        Serial.print(MacData[1],HEX) ;
        Serial.print("/");
        Serial.print(MacData[2],HEX) ;
        Serial.print("/");
        Serial.print(MacData[3],HEX) ;
        Serial.print("/");
        Serial.print(MacData[4],HEX) ;
        Serial.print("/");
        Serial.print(MacData[5],HEX) ;
        Serial.print("~");

    t1 = print2HEX((int)MacData[0]);
    t2 = print2HEX((int)MacData[1]);
    t3 = print2HEX((int)MacData[2]);
    t4 = print2HEX((int)MacData[3]);
    t5 = print2HEX((int)MacData[4]);
    t6 = print2HEX((int)MacData[5]);
  tt = (t1+t2+t3+t4+t5+t6) ;
Serial.print(tt);
Serial.print("\n");

    return tt ;
}
String    print2HEX(int number) {
    String ttt ;
    if (number >= 0 && number < 16)
    {
        ttt = String("0") + String(number,HEX);
    }
    else
    {
        ttt = String(number,HEX);
    }
    return ttt ;
}
```

```
void printWifiData()
{
  // print your WiFi shield's IP address:
  Meip = WiFi.localIP();
  Serial.print("IP Address: ");
  Serial.println(Meip);
  Serial.print("\n");

  // print your MAC address:
  byte mac[6];
  WiFi.macAddress(mac);
  Serial.print("MAC address: ");
  Serial.print(mac[5], HEX);
  Serial.print(":");
  Serial.print(mac[4], HEX);
  Serial.print(":");
  Serial.print(mac[3], HEX);
  Serial.print(":");
  Serial.print(mac[2], HEX);
  Serial.print(":");
  Serial.print(mac[1], HEX);
  Serial.print(":");
  Serial.println(mac[0], HEX);

  // print your subnet mask:
  Mesubnet = WiFi.subnetMask();
  Serial.print("NetMask: ");
  Serial.println(Mesubnet);

  // print your gateway address:
  Megateway = WiFi.gatewayIP();
  Serial.print("Gateway: ");
  Serial.println(Megateway);
}
```

```
void ShowInternetStatus()
{

        if (WiFi.status())
          {
                Meip = WiFi.localIP();
                Serial.print("Get IP is:");
                Serial.print(Meip);
                Serial.print("\n");


          }
          else
          {
                        Serial.print("DisConnected:");
                        Serial.print("\n");

          }

}

void initializeWiFi() {
  while (status != WL_CONNECTED) {
    Serial.print("Attempting to connect to SSID: ");
    Serial.println(ssid);
    // Connect to WPA/WPA2 network. Change this line if using open or WEP network:
    status = WiFi.begin(ssid, pass);
  //    status = WiFi.begin(ssid);

    // wait 10 seconds for connection:
    delay(10000);
  }
  Serial.print("\n Success to connect AP:") ;
  Serial.print(ssid) ;
  Serial.print("\n") ;

}
```

下表為連接無線基地台測試程式(無加密方式)之程式，若讀者使用無線基地台為無加密方式連線，則採用此程式。

表 4 連接無線基地台測試程式(無加密方式)

連接無線基地台測試程式(無加密方式)(CheckAP_ConnectNoEncryption)
| ```
#include <WiFi.h>
uint8_t MacData[6];
char ssid[] = "PM25";          // your network SSID (name)
IPAddress    Meip ,Megateway ,Mesubnet ;
String MacAddress ;
int status = WL_IDLE_STATUS;

void setup() {
  //Initialize serial and wait for port to open:
  Serial.begin(9600);
  while (!Serial) {
    ; // wait for serial port to connect. Needed for native USB port only
  }

  // check for the presence of the shield:
  if (WiFi.status() == WL_NO_SHIELD) {
    Serial.println("WiFi shield not present");
    // don't continue:
    while (true);
  }

  String fv = WiFi.firmwareVersion();
  if (fv != "1.1.0") {
    Serial.println("Please upgrade the firmware");
  }

  // attempt to connect to Wifi network:
  while (status != WL_CONNECTED) {
    Serial.print("Attempting to connect to open SSID: ");
    Serial.println(ssid);
    status = WiFi.begin(ssid);

    // wait 10 seconds for connection:
``` |
```

```
       delay(10000);
   }

   // you're connected now, so print out the data:
   Serial.print("You're connected to the network");
   MacAddress = GetWifiMac() ;
      ShowMac() ;
            initializeWiFi();
            printWifiData() ;
}

void loop() {
}
void ShowMac()
{

      Serial.print("MAC:");
      Serial.print(MacAddress);
      Serial.print("\n");


}




String GetWifiMac()
{
    String tt ;
    String t1,t2,t3,t4,t5,t6 ;
    WiFi.status();       //this method must be used for get MAC
   WiFi.macAddress(MacData);

   Serial.print("Mac:");
    Serial.print(MacData[0],HEX) ;
    Serial.print("/");
    Serial.print(MacData[1],HEX) ;
    Serial.print("/");
    Serial.print(MacData[2],HEX) ;
```

```
    Serial.print("/");
    Serial.print(MacData[3],HEX) ;
    Serial.print("/");
    Serial.print(MacData[4],HEX) ;
    Serial.print("/");
    Serial.print(MacData[5],HEX) ;
    Serial.print("~");

    t1 = print2HEX((int)MacData[0]);
    t2 = print2HEX((int)MacData[1]);
    t3 = print2HEX((int)MacData[2]);
    t4 = print2HEX((int)MacData[3]);
    t5 = print2HEX((int)MacData[4]);
    t6 = print2HEX((int)MacData[5]);
  tt = (t1+t2+t3+t4+t5+t6) ;
Serial.print(tt);
Serial.print("\n");

    return tt ;
}
String    print2HEX(int number) {
    String ttt ;
    if (number >= 0 && number < 16)
    {
        ttt = String("0") + String(number,HEX);
    }
    else
    {
        ttt = String(number,HEX);
    }
    return ttt ;
}




void printWifiData()
```

```
{
    // print your WiFi shield's IP address:
    Meip = WiFi.localIP();
    Serial.print("IP Address: ");
    Serial.println(Meip);
    Serial.print("\n");

    // print your MAC address:
    byte mac[6];
    WiFi.macAddress(mac);
    Serial.print("MAC address: ");
    Serial.print(mac[5], HEX);
    Serial.print(":");
    Serial.print(mac[4], HEX);
    Serial.print(":");
    Serial.print(mac[3], HEX);
    Serial.print(":");
    Serial.print(mac[2], HEX);
    Serial.print(":");
    Serial.print(mac[1], HEX);
    Serial.print(":");
    Serial.println(mac[0], HEX);

    // print your subnet mask:
    Mesubnet = WiFi.subnetMask();
    Serial.print("NetMask: ");
    Serial.println(Mesubnet);

    // print your gateway address:
    Megateway = WiFi.gatewayIP();
    Serial.print("Gateway: ");
    Serial.println(Megateway);
}

void ShowInternetStatus()
{

        if (WiFi.status())
```

```
        {
            Meip = WiFi.localIP();
            Serial.print("Get IP is:");
            Serial.print(Meip);
            Serial.print("\n");


        }
        else
        {

                Serial.print("DisConnected:");
                Serial.print("\n");

        }

}

void initializeWiFi() {
    while (status != WL_CONNECTED) {
        Serial.print("Attempting to connect to SSID: ");
        Serial.println(ssid);
        // Connect to WPA/WPA2 network. Change this line if using open or WEP network:
            status = WiFi.begin(ssid);

        // wait 10 seconds for connection:
        delay(10000);
    }
    Serial.print("\n Success to connect AP:") ;
    Serial.print(ssid) ;
    Serial.print("\n") ;

}
```

　　下表為連接無線基地台測試程式(WEP 模式)之程式，若讀者使用無線基地台為WEP 模式連線，則採用此程式。

表 5 連接無線基地台測試程式(WEP 模式)

連接無線基地台測試程式(WEP 模式) (CheckAP_ConnectWithWEP)

```
#include <WiFi.h>
uint8_t MacData[6];
char ssid[] = "PM25";          // your network SSID (name)                          // your
network SSID (name)
char key[] = "D0D0DEADF00DABBADEAFBEADED";          // your network key
int keyIndex = 0;                                    // your network key Index
number
IPAddress   Meip ,Megateway ,Mesubnet ;
String MacAddress ;
int status = WL_IDLE_STATUS;

// the Wifi radio's status

void setup() {
   //Initialize serial and wait for port to open:
   Serial.begin(9600);
   while (!Serial) {
     ; // wait for serial port to connect. Needed for native USB port only
   }

   // check for the presence of the shield:
   if (WiFi.status() == WL_NO_SHIELD) {
     Serial.println("WiFi shield not present");
     // don't continue:
     while (true);
   }

   String fv = WiFi.firmwareVersion();
   if (fv != "1.1.0") {
     Serial.println("Please upgrade the firmware");
   }
       MacAddress = GetWifiMac() ;
     ShowMac() ;

   // attempt to connect to Wifi network:
   while (status != WL_CONNECTED) {
     Serial.print("Attempting to connect to WEP network, SSID: ");
```

```
            initializeWiFi();
            printWifiData() ;


    // wait 10 seconds for connection:
    delay(10000);
  }
}

void loop() {
}



void ShowMac()
{

        Serial.print("MAC:");
        Serial.print(MacAddress);
        Serial.print("\n");


}




String GetWifiMac()
{
    String tt ;
    String t1,t2,t3,t4,t5,t6 ;
    WiFi.status();        //this method must be used for get MAC
  WiFi.macAddress(MacData);

  Serial.print("Mac:");
   Serial.print(MacData[0],HEX) ;
   Serial.print("/");
   Serial.print(MacData[1],HEX) ;
   Serial.print("/");
   Serial.print(MacData[2],HEX) ;
```

```
    Serial.print("/");
    Serial.print(MacData[3],HEX) ;
    Serial.print("/");
    Serial.print(MacData[4],HEX) ;
    Serial.print("/");
    Serial.print(MacData[5],HEX) ;
    Serial.print("~");

    t1 = print2HEX((int)MacData[0]);
    t2 = print2HEX((int)MacData[1]);
    t3 = print2HEX((int)MacData[2]);
    t4 = print2HEX((int)MacData[3]);
    t5 = print2HEX((int)MacData[4]);
    t6 = print2HEX((int)MacData[5]);
  tt = (t1+t2+t3+t4+t5+t6) ;
Serial.print(tt);
Serial.print("\n");

    return tt ;
}
String    print2HEX(int number) {
    String ttt ;
    if (number >= 0 && number < 16)
    {
       ttt = String("0") + String(number,HEX);
    }
    else
    {
        ttt = String(number,HEX);
    }
    return ttt ;
}




void printWifiData()
```

```
{
    // print your WiFi shield's IP address:
    Meip = WiFi.localIP();
    Serial.print("IP Address: ");
    Serial.println(Meip);
    Serial.print("\n");

    // print your MAC address:
    byte mac[6];
    WiFi.macAddress(mac);
    Serial.print("MAC address: ");
    Serial.print(mac[5], HEX);
    Serial.print(":");
    Serial.print(mac[4], HEX);
    Serial.print(":");
    Serial.print(mac[3], HEX);
    Serial.print(":");
    Serial.print(mac[2], HEX);
    Serial.print(":");
    Serial.print(mac[1], HEX);
    Serial.print(":");
    Serial.println(mac[0], HEX);

    // print your subnet mask:
    Mesubnet = WiFi.subnetMask();
    Serial.print("NetMask: ");
    Serial.println(Mesubnet);

    // print your gateway address:
    Megateway = WiFi.gatewayIP();
    Serial.print("Gateway: ");
    Serial.println(Megateway);
}

void ShowInternetStatus()
{

        if (WiFi.status())
```

```
            {
                Meip = WiFi.localIP();
                Serial.print("Get IP is:");
                Serial.print(Meip);
                Serial.print("\n");

            }
            else
            {
                    Serial.print("DisConnected:");
                    Serial.print("\n");

            }

}

void initializeWiFi() {
    while (status != WL_CONNECTED) {
        Serial.print("Attempting to connect to SSID: ");
        // Connect to WEP network. Change this line if using open or WEP network:
        Serial.println(ssid);
        status = WiFi.begin(ssid, keyIndex, key);

        // wait 10 seconds for connection:
        delay(10000);
    }
    Serial.print("\n Success to connect AP:") ;
    Serial.print(ssid) ;
    Serial.print("\n") ;

}
```

　　如下圖所示，我們可以看到連接無線基地台結果畫面。

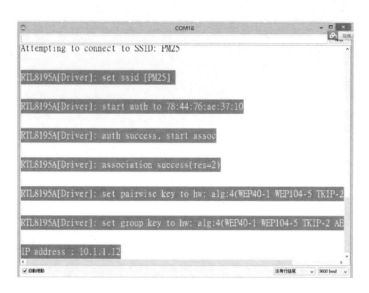

圖 10 連接無線基地台結果畫面

連接網際網路

本文要介紹讀者如何透過連接無線基地台來上網，並了解 Ameba RTL8195AM 如何透過外加網路函數來連接無線基地台(曹永忠, 2016)，進而連上網際網路，並測試連上網站『www.google.com』，進行是否真的可以連上網際網路。

連接網際網路實驗材料

如下圖所示，這個實驗我們需要用到的實驗硬體有下圖.(a)的 Ameba RTL8195AM、下圖.(b) MicroUSB 下載線：

(a). Ameba RTL8195AM　　　　　　　(b). MicroUSB　下載線

圖 11 連接網際網路材料表

讀者可以參考下圖所示之連接網際網路電路圖，進行電路組立(曹永忠, 2016)。

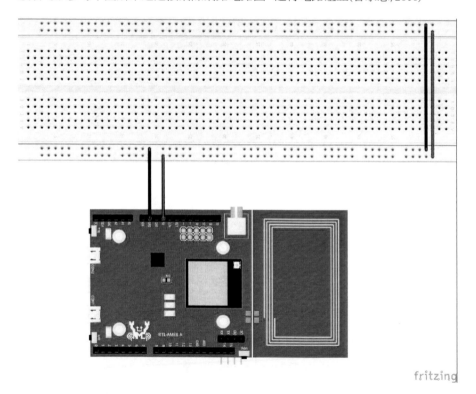

圖 12 連接網際網路電路圖

我們遵照前幾章所述，將 Ameba RTL8195AM 開發板的驅動程式安裝好之後，我們打開 Ameba RTL8195AM 開發板的開發工具：Sketch IDE 整合開發軟體(軟體下載請到：https://www.arduino.cc/en/Main/Software，安裝 Ameba RTL8195AM SDK 請參考附錄之 Ameba RTL8195AM 安裝驅動程式)，攥寫一段程式，如下表所示之連接網際網路測試程式，透過無線基地台連上網際網路，並實際連到網站進行測試。

表 6 連接網際網路測試程式

連接網際網路測試程式(WiFiWebClient)

```
#include <WiFi.h>

char ssid[] = "PM25";          // your network SSID (name)
char pass[] = "qq12345678";        // your network password
int keyIndex = 0;                  // your network key Index number (needed only for
WEP)

int status = WL_IDLE_STATUS;
//IPAddress server(64,233,189,94);   // numeric IP for Google (no DNS)
char server[] = "www.google.com";      // name address for Google (using DNS)

WiFiClient client;
void setup() {
  //Initialize serial and wait for port to open:
  Serial.begin(9600);
  while (!Serial) {
    ;
  }
  // check for the presence of the shield:
  if (WiFi.status() == WL_NO_SHIELD) {
    Serial.println("WiFi shield not present");
    // don't continue:
    while (true);
  }
  String fv = WiFi.firmwareVersion();
  if (fv != "1.1.0") {
    Serial.println("Please upgrade the firmware");
```

```
  }
  // attempt to connect to Wifi network:
  while (status != WL_CONNECTED) {
    Serial.print("Attempting to connect to SSID: ");
    Serial.println(ssid);
    // Connect to WPA/WPA2 network. Change this line if using open or WEP network:
    status = WiFi.begin(ssid, pass);

    // wait 10 seconds for connection:
    delay(10000);
  }
  Serial.println("Connected to wifi");
  printWifiStatus();

  Serial.println("\nStarting connection to server...");
  // if you get a connection, report back via serial:
  if (client.connect(server, 80)) {
    Serial.println("connected to server");
    // Make a HTTP request:
    client.println("GET /search?q=ameba HTTP/1.1");
    client.println("Host: www.google.com");
    client.println("Connection: close");
    client.println();
  }
}

void loop() {
  // if there are incoming bytes available
  // from the server, read them and print them:
  while (client.available()) {
    char c = client.read();
    Serial.write(c);
  }

  // if the server's disconnected, stop the client:
  if (!client.connected()) {
    Serial.println();
    Serial.println("disconnecting from server.");
```

```
      client.stop();

      // do nothing forevermore:
      while (true);
    }
}


void printWifiStatus() {
    // print the SSID of the network you're attached to:
    Serial.print("SSID: ");
    Serial.println(WiFi.SSID());

    // print your WiFi shield's IP address:
    IPAddress ip = WiFi.localIP();
    Serial.print("IP Address: ");
    Serial.println(ip);

    // print the received signal strength:
    long rssi = WiFi.RSSI();
    Serial.print("signal strength (RSSI):");
    Serial.print(rssi);
    Serial.println(" dBm");
}
```

如下圖所示，我們可以看到連接網際網路結果畫面。

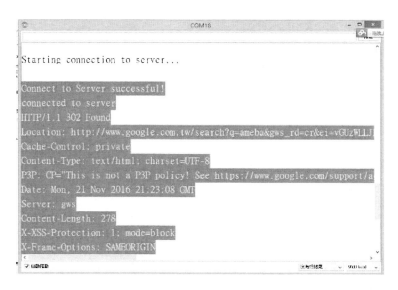

圖 13 連接網際網路結果畫面

透過安全連線連接網際網路

本文要介紹讀者如何透過透過安全連線(SSL)連接無線基地台來上網,並了解 Ameba RTL8195AM 如何透過外加安全連線(SSL)網路函數來連接無線基地台(曹永忠, 2016)。

透過安全連線連接網際網路實驗材料

如下圖所示,這個實驗我們需要用到的實驗硬體有下圖.(a)的 Ameba RTL8195AM、下圖.(b) MicroUSB 下載線:

(a). Ameba RTL8195AM　　　　　(b). MicroUSB 下載線

圖 14 透過安全連線連接網際網路材料表

讀者可以參考下圖所示之透過安全連線連接網際網路電路圖，進行電路組立 (曹永忠, 2016)。

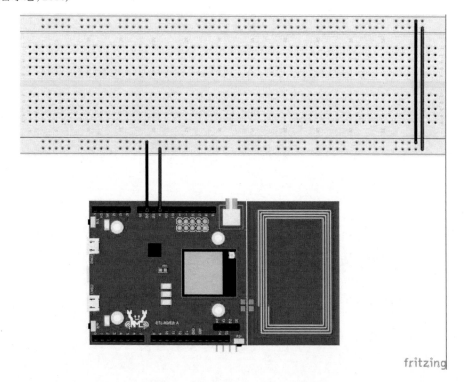

圖 15 透過安全連線連接網際網路電路圖

我們遵照前幾章所述，將 Ameba RTL8195AM 開發板的驅動程式安裝好之後，我們打開 Ameba RTL8195AM 開發板的開發工具：Sketch IDE 整合開發軟體(軟體下載請到：https://www.arduino.cc/en/Main/Software，安裝 Ameba RTL8195AM SDK 請參考附錄之 Ameba RTL8195AM 安裝驅動程式)，攥寫一段程式，如下表所示之透過安全連線連接網際網路測試程式，使用安全連線方式透過無線基地台連上網際網路。

表 7 透過安全連線連接網際網路測試程式

透過安全連線連接網際網路測試程式(WiFiSSLClient)

```
#include <WiFi.h>

char ssid[] = "PM25";          // your network SSID (name)
char pass[] = "qq12345678";        // your network password
int keyIndex = 0;                   // your network key Index number (needed only for
WEP)

int status = WL_IDLE_STATUS;

char server[] = "www.google.com";      // name address for Google (using DNS)
//unsigned char test_client_key[] = "";     //For the usage of verifying client
//unsigned char test_client_cert[] = "";    //For the usage of verifying client
//unsigned char test_ca_cert[] = "";         //For the usage of verifying server

WiFiSSLClient client;

void setup() {
  //Initialize serial and wait for port to open:
  Serial.begin(9600);
  while (!Serial) {
    ; // wait for serial port to connect. Needed for native USB port only
  }

  // check for the presence of the shield:
  if (WiFi.status() == WL_NO_SHIELD) {
```

```
    Serial.println("WiFi shield not present");
    // don't continue:
    while (true);
  }

  // attempt to connect to Wifi network:
  while (status != WL_CONNECTED) {
    Serial.print("Attempting to connect to SSID: ");
    Serial.println(ssid);
    // Connect to WPA/WPA2 network. Change this line if using open or WEP network:
    status = WiFi.begin(ssid,pass);

    // wait 10 seconds for connection:
    delay(10000);
  }
  Serial.println("Connected to wifi");
  printWifiStatus();

  Serial.println("\nStarting connection to server...");
  // if you get a connection, report back via serial:
  if (client.connect(server, 443)) { //client.connect(server, 443, test_ca_cert, test_cli-
ent_cert, test_client_key)
    Serial.println("connected to server");
    // Make a HTTP request:
    client.println("GET /search?q=realtek HTTP/1.0");
    client.println("Host: www.google.com");
    client.println("Connection: close");
    client.println();
  }
  else
  Serial.println("connected to server failed");

}

void loop() {
  // if there are incoming bytes available
  // from the server, read them and print them:
  while (client.available()) {
```

```
      char c = client.read();
      Serial.write(c);
    }

    // if the server's disconnected, stop the client:
    if (!client.connected()) {
      Serial.println();
      Serial.println("disconnecting from server.");
      client.stop();

      // do nothing forevermore:
      while (true);
    }
  }
}


void printWifiStatus() {
  // print the SSID of the network you're attached to:
  Serial.print("SSID: ");
  Serial.println(WiFi.SSID());

  // print your WiFi shield's IP address:
  IPAddress ip = WiFi.localIP();
  Serial.print("IP Address: ");
  Serial.println(ip);

    // print your MAC address:
  byte mac[6];
  WiFi.macAddress(mac);
  Serial.print("MAC address: ");
  Serial.print(mac[0], HEX);
  Serial.print(":");
  Serial.print(mac[1], HEX);
  Serial.print(":");
  Serial.print(mac[2], HEX);
  Serial.print(":");
  Serial.print(mac[3], HEX);
  Serial.print(":");
```

```
Serial.print(mac[4], HEX);
Serial.print(":");
Serial.println(mac[5], HEX);

// print the received signal strength:
long rssi = WiFi.RSSI();
Serial.print("signal strength (RSSI):");
Serial.print(rssi);
Serial.println(" dBm");
}
```

如下圖所示，我們可以看到透過安全連線連接網際網路結果畫面。

圖 16 透過安全連線連接網際網路結果畫面

章節小結

本章主要介紹之 Ameba RTL8195AM 開發板使用網路的基礎應用，相信讀者會對連接無線網路熱點，如何上網等網路基礎應用，有更深入的了解與體認。

2

CHAPTER

條碼介紹

　　雖然在台灣，許許多多的工廠，雖然大量使用電腦資訊科技，但是生產線上的驗收或出貨控制，許多工廠雖然已經大量使用條碼、RFID、甚至是 QR Code…等等，但是在最終出貨處，仍有許多工廠還在仍然採用人工掃描出貨產品的條碼等，來做為出貨的憑據。

　　如果我們使用目前當紅的 Ameba RTL 8195 開發板，透過它擅長的 Wifi 通訊功能，結合 RS232 通訊模組，我們就可以使用市售的條碼掃描模組，並使用 RS232 等工業通訊方式的來取得條碼內容，如此一來我們就可以使用網際網路或物聯網的方式：如網頁瀏覽器、APPs 手機應用程式等方式，立即顯示出貨情形，並且透過網頁方式，居於遠端的管理者或客戶，也可以使用行動裝置查看出貨情形，對於工業上開發與發展，也算一個貢獻(曹永忠, 2017)。

條碼掃描模組

　　條碼掃描模組分為雷射引擎和解碼板兩部分(如下圖所示)，這兩部分用一條 8PIN 排線連接，這條 8PIN 排接線為內部連接。解碼板上一條 10PIN 排線提供給用戶使用，控制這 10PIN 排接線就可以控制整個模組。

　　模組支援 5V 和 3.3V（其實是把 3.3V 升壓到 5V 來使用）兩種輸入電壓，供使用者選擇，5V 輸入,工作電流約 75mA；3.3V 輸入,工作電流約 140mA.另外觸發雷射掃描有,單次觸發和連續出光觸發方式。

圖 17 YHD - M100 的條碼掃描核心模組

YHD - M100 的條碼掃描核心模組的尺寸：長*寬*高：40*40*20 (mm)；YHD - M100 的條碼掃描核心模組的尺寸：長*寬*高： 90*30*20 (mm)，如下圖所示，我們可以看到 JP2 腳為定義：

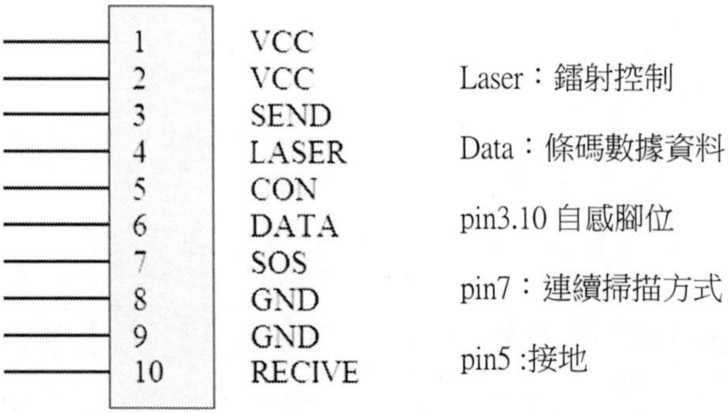

1	VCC	
2	VCC	Laser：鐳射控制
3	SEND	
4	LASER	Data：條碼數據資料
5	CON	
6	DATA	pin3.10 自感腳位
7	SOS	
8	GND	pin7：連續掃描方式
9	GND	
10	RECIVE	pin5 :接地

圖 18 YHD - M100 的 JP2 腳為定義

JP1 管腳定義：

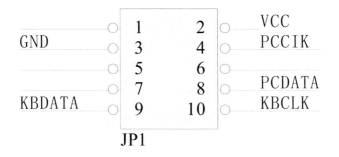

圖 19 YHD - M100 的 JP1 腳為定義

其 YHD - M100 的 JP1 腳為定義如下：

● JP 4：PCCLK—串口模式下 RXD 信號線，KB(PS2)模式下為 KB 時鐘
  信號線。

● JP 8：PCDATA—KB 資料信號線。

● JP 9：KBDATA—串口模式下 TXD 信號，KB(PS2)模式下為 KB 資料
  信號線。

● JP 10：KBCLK—KB 時鐘信號線

　　筆者在網拍賣場購買型號：YHD - M100 的條碼掃描模組，如下圖.(a)所示，由
於該模組需求電力要無法以單純 USB 供電，所以透過 Y Cable 方式，外加 USB 變
壓器供電，另外一端則轉換成標準的 RS232 之 DB9 的標準接頭。

　　YHD - M100 的條碼掃描模組在工業上應用，如下表所示之規格，其能力是非
常足夠的，且控制方法非常簡單，只需要用標準的 RS232 方式，透過 9600 bps 的漂
準串列埠(Com Port)連接，就可以輕易將條碼資料讀出。見下圖.(b)所示，前方有一
個光電感測器，偵測不同顏色變化時，會告知 YHD - M100 的條碼掃描模組告知自
動繼續掃描下一個條碼，使用上非常方便。當然類似這樣的掃描模組非常多，筆者
只是購買其中合適的一組來當本文的材料，讀者可以參考筆者或其他相容的模組
使用之，並非只有筆者介紹 YHD - M100 的條碼掃描模組可以使用在工業上。

表 8 YHD - M100 的條碼掃描模組規格一覽表

電器參數	5/3.3V±10%x100mA(idle:10mA)	
掃描方式	bi-directional	
微處理機	ARM32-bitCortex	
使用光源	650nmvisuallaserdiode	
驅動方式	handheld,Continuous,Auto-Induction	
自動掃描間隔時間	0.3S	
手持與自動掃描切換時間	6S	
指示方式	Buzzer&LED	
印刷比率	>25%	
解析度	3.3mil	
解碼速度	260scans/sec	
錯誤率	1/5millon,1/20million	
掃描寬度	30cm	
景深	3.3mil	2mm-100mm
	10mil	2mm-350mm
	15.6mil	5mm-600mm
	35mil	10mm-1000mm
掃描角度	rotorangel±30°,inclination±45°,declination±60°	
防眩光	industriallightingorsunwillnotmakeanydifference	
解譯條碼種類	UPC/EAN,withcomplementaryUPC/EANCode128,Code 39,Code39Full ASCII,Codabar,industrial/Interleaved2of5,Code93,MSI,C ode11,ISBN, ISSN,Chinapost,etc	
按鍵壽命	8000,000times;laserlife:12000hours	
跌落測試	2.0mfalltoconcrete	
介面	TTL,RS232,KBW,USB	
認證	CE,FCC,RoHS,IP54	

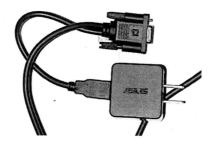

(a). 產品使用圖

(b). 產品前視圖

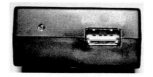

(c). 產品後視圖

(d). 產品內部圖

圖 20 YHD - M100 的條碼掃描模組

YHD - M100 的條碼掃描模組控制端連接方式

　　如上圖.(a)所示，YHD - M100 的條碼掃描模組已經轉成 RS-232 之 DB9 母接頭，如下圖.(a)所示，我們看 DB9 的母頭接腳，知道一般使用 RS-232 通訊的裝置，大多是 DB9 的母頭接腳(DB9 Female Connector)，所以可以參考下圖.(b)所示，了解基本上我們只會用到 B9 的 2、3、5 接腳。

(a). DB9 母頭接腳圖

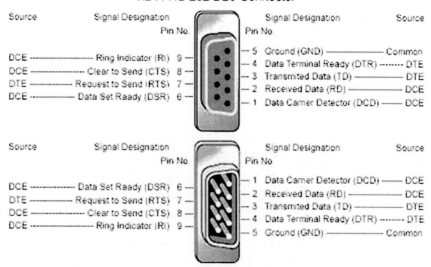

(b). RS-232 之 DB9 接頭定義圖

圖 21 RS-232 之 DB9 接頭定義圖

如下圖.(a)所示，因為連接 YHD - M100 的條碼掃描模組，所以我們使用 DB9 轉隨插腳位模組來簡單跳線，其跳線原理如上圖.(b)所示，我們必須遵循 RS-232 通訊方式，如下表所示，所以我們使用兩組 DB9 公頭轉隨插腳位模組來進行跳線，其腳位如下表所示：

表 9 RS-232 之 DB9 跳線接腳一覽表

左邊	左邊接腳	右邊接腳	右邊
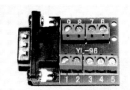	腳位 2 (RXD)	腳位 3 (TXD)	
	腳位 3 (TXD)	腳位 2 (RXD)	
	腳位 5 (GND)	腳位 5 (GND)	

(a). DB9 轉隨插腳位模組

(b). 利用兩組 DB9 轉隨插腳位模組進行跳線

圖 22 RS-232 之 DB9 跳線接腳圖

如上圖.(b)所示，我們可以完成跳線後，將 YHD - M100 的條碼掃描模組 2 之 DB9 接頭接到右邊的 DB9 轉隨插腳位模組，完成如上圖.(b)所示之電路。

使用ＴＴＬ轉 RS-232 模組連接條碼掃描模組

如下圖所示，我們使用ＴＴＬ轉 RS-232 模組來轉換 RS-232 到ＴＴＬ之電氣訊號，避免 RS-232 的高電壓電氣訊號燒壞我們要使用的微處理機。

圖 23 ＴＴＬ轉 RS-232 模組

如下圖.(a)所示，我們將ＴＴＬ轉 RS-232 模組連接 DB9 轉隨插腳位模組，進而間接連到 YHD - M100 的條碼掃描模組，如如下圖.(b)所示，完成訊號線得連接電路。

(a). TTL 轉 RS-232 模組之腳位

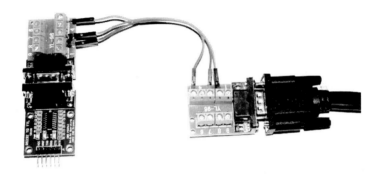

(b). TTL 模組連接 DB9 轉隨插腳位模組

圖 24 TTL 模組連接 DB9 轉隨插腳位模組

如上圖.(b)所示，我們將 TTL 轉 RS-232 模組腳位 5 接在 YHD - M100 的條碼掃描模組腳位 5、TTL 轉 RS-232 模組腳位 3 接在 YHD - M100 的條碼掃描模組腳位 2（R x）、TTL 轉 RS-232 模組腳位 2 接在 YHD - M100 的條碼掃描模組腳位 3（T x），完成下圖所示之電路圖

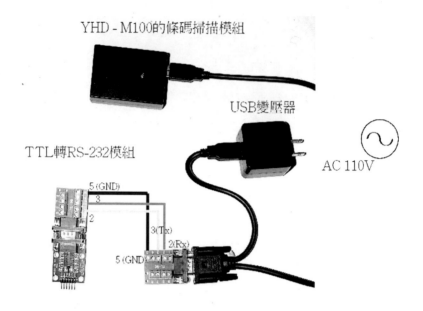

圖 25 TTL 轉 RS-232 模組連接條碼掃描模組

使用具有 WIFI 網路功能的 Ameba RTL 8195 開發板

如下圖.(a)所示，Ameba RTL 8195 開發板是瑞昱半導體股份有限公司(Realtek Semiconductor Corp.)自行發製造的 Arduino 開發板相容品，功能強大，內建 Wifi 網路通訊模組、NFC 模組等，且開發工具相容於 Arduino Sketch IDE 開發工具，對許多感測模組使用與函式庫更是相容於 Arduino 官方與第三方軟體。

如下圖.(b)所示，Ameba RTL 8195 開發板的外接腳位相容於 Arduino UNO 開發板，適合開發各式的感測器或物聯網應用。Ameba RTL 8195 開發板的介面有 Wifi, GPIO, NFC, I2C, UART, SPI, PWM, ADC，使用方式完全相容 Arduino UNO 開發板，讓許多 Makers 使用上，沒有甚麼轉換成本。

(a). Ameba RTL 8195 開發板

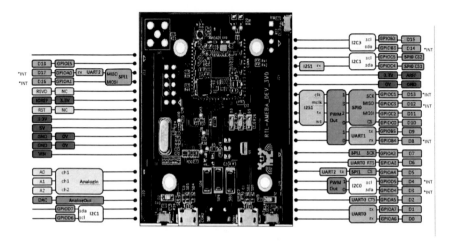

(b). Ameba RTL 8195 開發板腳位一覽圖

圖 26　Ameba RTL 8195 開發板

參考來源：Ameba 開發板官網：http://www.amebaiot.com/

　　如下表所示，我們將 Ameba RTL 8195 開發板與 TTL 轉 RS-232 模組之電路連

接起來後，連 YHD - M100 的條碼掃描模組與 USB 電源供應器等，進行最後的電路

組立，完成後如下圖所示，我們可以完成 Ameba 連接 TTL 轉 RS-232 模組連接條碼

掃描模組之完整電路。

表 10 電路組立接腳表

TTL 轉 RS232	Ameba RTL 8195 開發板
GND	G N D
R X D	D 1(TX)
T X D	D 0(RX)
5V	+5V

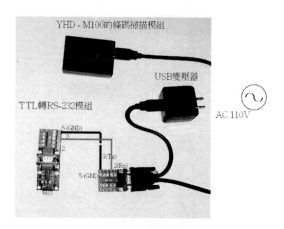

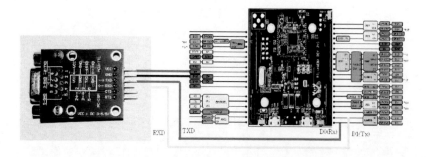

圖 27　Ameba 連接 TTL 轉 RS-232 模組連接條碼掃描模組之完整電路圖

透過串列讀取接條碼掃描模組之條碼資料

我們將 Arduno 開發板的驅動程式安裝好之後，我們打開 Arduino 開發板的開發工具：Sketch IDE 整合開發軟體（軟體下載請到：https://www.arduino.cc/en/Main/Software)，攥寫一段程式，如下表所示之透過串列埠讀取條碼掃描模組之讀取條碼資料測試程式，透過監控視窗查看條碼掃描模組讀取條碼的資料。

表 11 透過串列埠讀取條碼掃描模組之讀取條碼資料測試程式

透過串列埠讀取條碼掃描模組之讀取條碼資料測試程式(ReadBarCode)

```
#include <SoftwareSerial.h>

#define TXPin 1
#define RXPin 0
char c;

#include "String.h"

SoftwareSerial mySerial(RXPin, TXPin); // RX, TX // RX, TX

void setup() {
  // put your setup code here, to run once:
   Serial.begin(9600) ;
     mySerial.begin(9600) ;
    Serial.println("Read Bar Code Program Start    ") ;

}
```

```
void loop() {


        if (mySerial.available() > 0)
           {
             // Serial.println("Some Incoming") ;
                c= mySerial.read() ;
                Serial.write(c) ;
           }
        if (Serial.available() > 0)
           {
             // Serial.println("Some Incoming") ;
                c= Serial.read() ;
                mySerial.print(c) ;
           }


}
```

程式碼：https://github.com/brucetsao/CC/tree/master/201706

　　如下圖所示，我們可以貼有條碼的產品置於 YHD - M100 的條碼掃描模組之前，我們可以看到 YHD - M100 的條碼掃描模組會自動掃描條碼，而上述程式會將讀取條碼資料送到監控視窗，顯示出『4714778025153』的資料在畫面上。

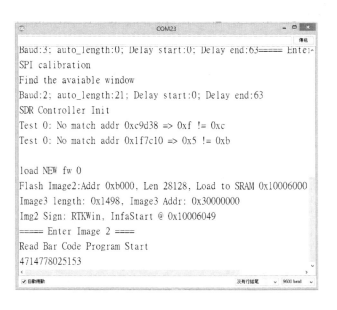

圖 28 透過串列埠讀取條碼掃描模組之讀取條碼資料測試程式結果畫面

章節小結

本章主要介紹 YHD - M100 的條碼掃描模組控制端連接方式如何連接 RS-232，進而透過跳線方式，將 RS-232 連接到 RS-232 轉 TTL 模組後，最後可以連接到單晶片開發板。透過這樣解說之後，相信讀者會對 RS-232 連接與通訊界面接的方式，轉，有更深入的了解與體認。

3

CHAPTER

雲端資料庫建置

接下來我們要建立資料庫與資料表，方能將資料輕易放上雲端。

資料庫建置

本章就是要應用 Ameba RTL8195AM 開發板，整合 Apache WebServer(網頁伺服器)，搭配 Php 互動式程式設計與 mySQL 資料庫，建立一個商業資料庫平台，透過 Ameba RTL8195AM 開發板連接條碼模組，將資料傳送到資料庫(曹永忠, 吳佳駿, et al., 2016b, 2016e; 曹永忠 et al., 2017a, 2017b)。

本文參考 Intructable(http://www.instructables.com/)網站上，apais(http://www.instructables.com/member/apais/)所做的：Send Arduino data to the Web (PHP/ MySQL/ D3.js)(http://www.instructables.com/id/PART-1-Send-Arduino-data-to-the-Web-PHP-MySQL-D3js/?ALLSTEPS)的文章，作者在根據需求修正本章節內容，有興趣的讀者可以參考原作者的內容，自行改進之(曹永忠, 許智誠, & 蔡英德, 2015a, 2015b)。

網頁伺服器安裝與使用

首先，作者使用 TWAMPd (VC11 for Windows 7, PHP-5.4/ PHP-5.5/ PHP-5.6)，其 VC11 for Windows 7 請到 https://goo.gl/Yg5Jlm 或 https://github.com/brucetsao/Tools/tree/master/WebServer，下載其軟體。

下列介紹 TWAMP 規格：
- TWAMP (Tiny Windows Apache MySQL PHP)
- Version: 2.2 from 30th Jun 2010

- Author: Yelban Hsu
- orz99.com - TWAMP
- Support and developer's blog

其套件包含下列元件：

- Apache 2.2.15
- MySQL 5.1.49-community
- PHP 5.2.14
- phpMyAdmin 3.3.5.0
- perl 5.10.0

讀者可以到下列網址：http://drupaltaiwan.org/forum/20110811/5424 下載其安裝包，不懂安裝之處，也可以參考：http://drupaltaiwan.org/forum/20130129/7018 內容進行安裝與使用。

安裝好之後，如下圖，打開安裝後的目錄，作者使用的是 D:\TWAMP 的目錄。

圖 29 免安裝版的 Apache

讀者可以點選下圖紅框處，名稱為『apmxe_zh-TW』的 Apache 伺服器主程式來啟動網頁伺服器。

圖 30 執行 Apache 主程式

讀者使用 IE 瀏覽器或 Chrome 瀏覽器或其它瀏覽器，開啟瀏覽器之後，在網址列輸入『localhost』或『127.0.0.1』(以本機為網頁伺服器)，可以看到下圖，可以看到 Apache 管理畫面。

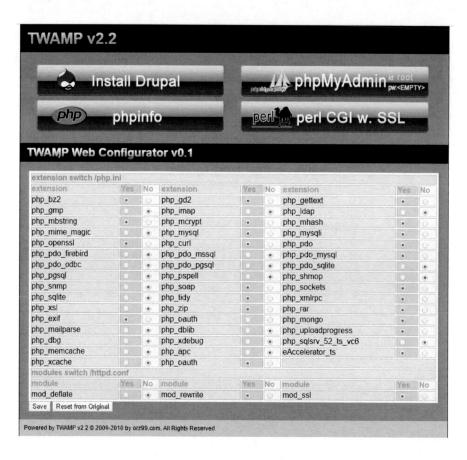

圖 31 Apache 管理畫面

建立資料庫

為了完成本章的實驗，如下圖紅框處所示，先點選『phpMyAdmin』，執行 phpMyAdmin 程式。

圖 32 執行 phpMyAdmin 程式

讀者執行 phpMyAdmin 程式後會先到下圖所示之 phpMyAdmin 登錄界面,先在下圖紅框處輸入帳號與密碼,一般預設都是:使用者為『root』,密碼為『　』,或是您在安裝時自行設定的密碼。

圖 33 登錄 phpMyAdmin 管理界面

讀者登錄 phpMyAdmin 管理程式後,可以看到 phpMyAdmin 主管理界面如下圖所示:

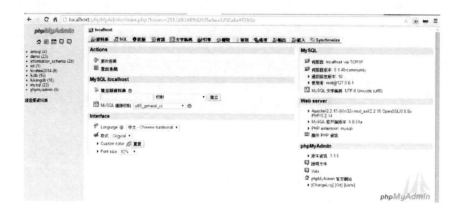

圖 34 phpMyAdmin 主管理畫面

　　首先，我們參考下圖左紅框處，先建立一個資料庫，請讀者建立一個名稱為『iot』的資料庫，並按下下圖右紅框處建立資料庫。

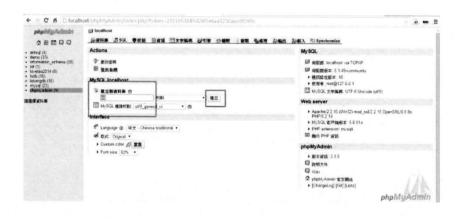

圖 35 建立 iot 資料庫

　　讀者可以看到下圖，我們選擇剛建立好的 iot 資料庫，進入資料庫內。

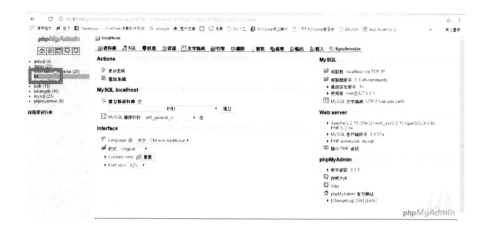

圖 36 選擇資料庫

讀者可以看到下圖，新建立的 iot 資料庫內沒有任何資料表。

圖 37 空白的 iot 資料庫

建立資料表

對於使用 PhpmyAdmin 工具建立資料表的讀者不熟這套工具者，可以先參閱筆

者著作：『Ameba 程式設計(物聯網基礎篇):An Introduction to Internet of Thing by Using

Ameba RTL8195AM』(曹永忠 et al., 2017a)、『Ameba 程序设计(基础篇):Ameba RTL8195AM IOT Programming (Basic Concept & Tricks)』(曹永忠, 吳佳駿, et al., 2016e)、『Arduino 程式設計教學(技巧篇):Arduino Programming (Writing Style & Skills))』(曹永忠, 吳佳駿, 許智誠, & 蔡英德, 2017c)、『溫溼度裝置與行動應用開發(智慧家居篇):A Temperature & Humidity Monitoring Device and Mobile APPs Develop-ment(Smart Home Series) 』(曹永忠, 許智誠, & 蔡英德, 2018b)、『雲端平台(系統開發基礎篇): The Tiny Prototyping System Development based on QNAP Solution』(曹永忠, 許智誠, & 蔡英德, 2018a)等書籍，先熟悉這些基本技巧與能力。

如已熟悉者，讀者可以參考下表，建立 barcodedata 資料表。

表 12 barcodedata 資料表欄位規格書

欄位名稱	型態	欄位解釋
id	Int(11)	主鍵
dataupdate	Timestamp	資料更新日期時間
deviceid	char(12)	裝置號碼(MAC)
bcode	char(16)	條碼號碼
PRIMARY id : primary key unique		
dataupdate dataupdate+deviceid :index		

讀者也可以參考下表，使用 SQL 敘述，建立 barcodedata 資料表。

表 13Barcodedata 資料表 SQL 敘述

```
--
-- 資料表結構 `barcodedata`
--
```

```sql
CREATE TABLE `barcodedata` (
  `id` int(11) NOT NULL COMMENT '主鍵',
  `dataupdate` timestamp NOT NULL DEFAULT CURRENT_TIMESTAMP ON
UPDATE CURRENT_TIMESTAMP COMMENT '更新日期時間',
  `deviceid` char(12) CHARACTER SET ascii NOT NULL COMMENT '裝置號碼
(MAC)',
  `bcode` char(16) CHARACTER SET ascii NOT NULL COMMENT '條碼號碼'
) ENGINE=MyISAM DEFAULT CHARSET=utf8;

--
-- 已匯出資料表的索引
--


--
-- 資料表索引 `barcodedata`
--
ALTER TABLE `barcodedata`
  ADD PRIMARY KEY (`id`),
  ADD KEY `dataupdate` (`dataupdate`,`deviceid`);


--
-- 在匯出的資料表使用 AUTO_INCREMENT
--


--
-- 使用資料表 AUTO_INCREMENT `barcodedata`
--
ALTER TABLE `barcodedata`
  MODIFY `id` int(11) NOT NULL AUTO_INCREMENT COMMENT '主鍵';
COMMIT;

/*!40101 SET CHARACTER_SET_CLIENT=@OLD_CHARACTER_SET_CLIENT */;
/*!40101 SET CHARACTER_SET_RESULTS=@OLD_CHARACTER_SET_RESULTS
*/;
/*!40101 SET COLLATION_CONNECTION=@OLD_COLLATION_CONNECTION */;
```

如下圖所示，建立 Barcodedata 資料表完成之後，我們可以看到下圖之
Barcodedata 資料表欄位結構圖。

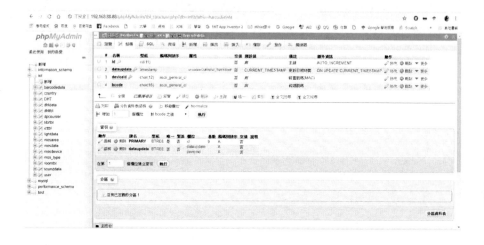

圖 38 Barcodedata 資料表建立完成

章節小結

　　本章介紹在雲端平台上(本文使用 Apache & mySql & PHP 等)，建立資料庫與對
應資料檔，透過這樣解說之後，相信讀者已經可以輕鬆建立資料庫與對應裝置的資
料表。

CHAPTER

雲端網站建置

接下來我們建立雲端網站的網頁內容，本文採用 Adobe 公司開發的 Adobe Creative Suite系列，採用 CS6 版本的 Dream Weaver CS6 進行設計。

網站 php 程式設計(插入資料篇)

進入 Dream Weaver CS6 主畫面

為了簡化程式設計困難度，本文採用 Adobe 公司開發的 Adobe Creative Suite系列，採用 CS6 版本的 Dream Weaver CS6 進行設計。

如下圖所示，為 Dream Weaver CS6 的主畫面，對於 Dream Weaver CS6 的基本操作，請讀者自行購書或網路文章學習之。

圖 39 Dream Weaver CS6 的主畫面

開啟新檔案

如下圖所示，我們先行開啟新檔案。

圖 40 開啟新檔案

新增 PHP 網頁檔

如下圖所示，我們先行新增 PHP 網頁檔。

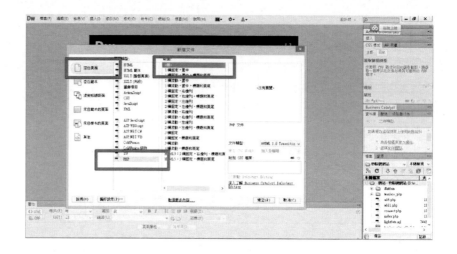

圖 41 新增 php 網頁

編輯新檔案

如下圖所示,我們開始編輯新檔案。

圖 42 空白的 php 網頁(設計端)

切換到程式設計畫面

如下圖所示,我們切換到程式設計畫面。

圖 43 切換到程式設計畫面

首先，我們先將資料庫連線程式撰寫好，如下表之資料庫連線程式，我們就可以網站的 PHP 程式連線到 mySQL 資料庫，進而連接 iot 的資料庫。

表 14 資料庫連線程式

資料庫連線程式(connect.php)

```php
<?php

    function Connection(){
        $server="localhost";
        $user="root";
        $pass="";
        $db="iot";

        $connection = mysql_connect($server, $user, $pass);

        if (!$connection) {
            die('MySQL ERROR: ' . mysql_error());
        }
```

```
        mysql_select_db($db) or die( 'MySQL ERROR: '. mysql_error() );

        return $connection;

    }
?>
```

變數介紹：

$server="localhost";　==>mySQL 資料庫 ip 位址

$user="root";　　==>mySQL 資料庫管理者名稱

$pass="";　　==>mySQL 資料庫管理者連線密碼

$db="iot";　　==>連到 mySQL 資料庫之後要切換的資料庫名稱

將 connect 程式填入

如下圖所示，我們將 connect 程式填入。

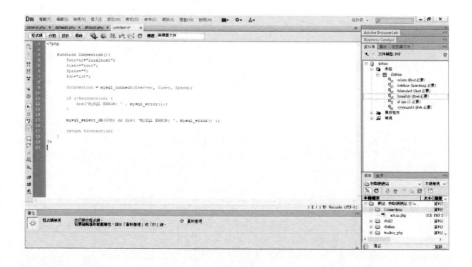

圖 44 將 connect 程式填入

將 connect 連線程式存檔

如下圖所示，我們將 connect 連線程式存檔。

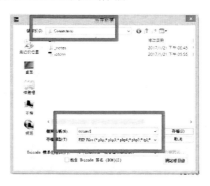

圖 45 將 connect 連線程式存檔

修正 connect 連線程式

如下表所示，我們將 connect.php 連線程式，進行程式修正，讓後面的的程式可以使用正常。

表 15 connect 連線程式

connect 連線程式(connect.php)
| ```php
<?php

function Connection(){
    $server="localhost";
    $user="root";
    $pass="";
    $db="iot";

    $connection = mysql_connect($server, $user, $pass);
``` |
```

```
if (!$connection) {
    die('MySQL ERROR: ' . mysql_error());
}

mysql_select_db($db) or die( 'MySQL ERROR: '. mysql_error() );

return $connection;
}
?>
```

開啟新檔案

如下圖所示，我們先行開啟新檔案。

圖 46 開啟新檔案

新增 PHP 網頁檔

如下圖所示，我們先行新增 PHP 網頁檔。

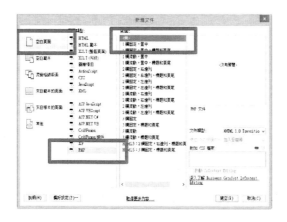

圖 47 新增 php 網頁

編輯新檔案

如下圖所示，我們開始編輯新檔案。

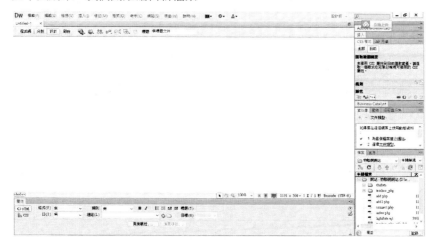

圖 48 空白的 php 網頁(設計端)

插入表單

如下圖所示，我們先行插入表單。

圖 49 插入表單

開始設計表單

如下圖所示，我們開始設計表單。

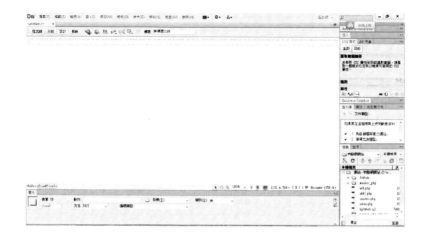

圖 50 開始設計表單

瀏覽資料程式檔先行存檔

如下圖所示,我們先行將瀏覽資料程式檔先行存檔。

圖 51 資料新增程式檔先行存檔

建立 mysql 連線

如下圖所示,我們先行建立 mysql 連線。

圖 52 建立 mysql 連線

mysql 連線設定畫面

如下圖所示，我們先行開啟新檔案。

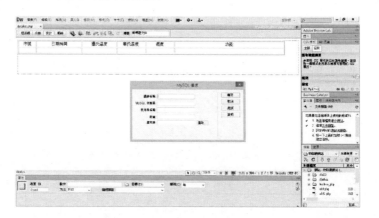

圖 53 mysql 連線設定畫面

設定 mysql 連線

如下圖所示，我們先行設定 mysql 連線。

圖 54 設定 mysql 連線

mysql 連線設定完成畫面

如下圖所示，我們看到 mysql 連線設定完成畫面。

圖 55 mysql 連線設定完成畫面

使用建立 URL 變數功能

如下圖所示，我們先行打開連線資料表資料區。

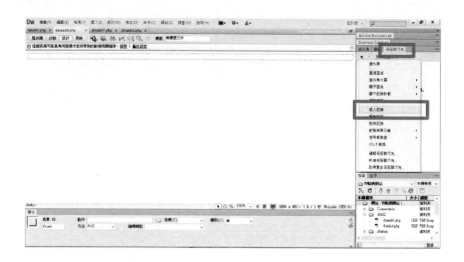

圖 56 使用建立 URL 變數功能

建立第一欄位之 URL 變數

如下圖所示，我們先行建立第一欄位之 URL 變數。

圖 57 建立第一欄位之 URL 變數

建立第二欄位之 URL 變數

如下圖所示，我們先行建立第二欄位之 URL 變數。

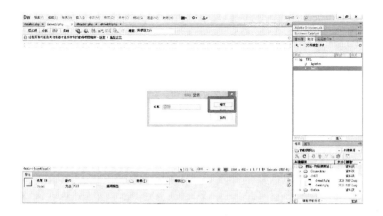

圖 58 建立第二欄位之 URL 變數

切換 dataadd 到程式設計畫面

如下圖所示，我們切換 dataadd 到程式設計畫面。

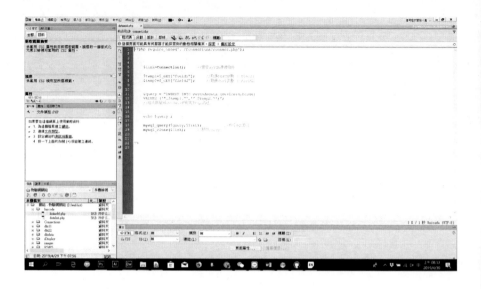

圖 59 切換 dataadd 到程式設計畫面

　　首先，我們先將 dhtdata 資料表新增程式攥寫好，如下表之 dhtdata 資料表新

增程式，填入上表所示之 dataadd 到程式設計畫面之中，完成程式攥寫。

表 16 dhtdata 資料表新增程式

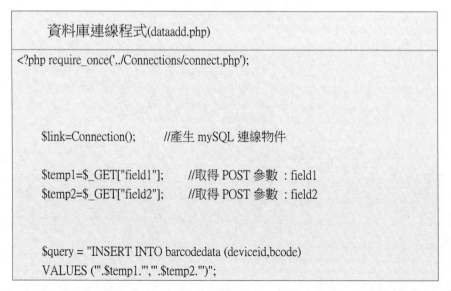

資料庫連線程式(dataadd.php)
<?php require_once('../Connections/connect.php');
$link=Connection();　　　//產生 mySQL 連線物件
$temp1=$_GET["field1"];　　//取得 POST 參數：field1
$temp2=$_GET["field2"];　　//取得 POST 參數：field2
$query = "INSERT INTO barcodedata (deviceid,bcode)
VALUES ('".$temp1."','".$temp2."')";

```
//組成新增到 dhtdata 資料表的 SQL 語法


echo $query ;

mysql_query($query,$link);                    //執行 SQL 語法
mysql_close($link);          //關閉 Query


?>
```

使用瀏覽器進行 dataadd 程式測試

完成雲端網站建置之後，如下圖所示，請打開瀏覽器(本為文 Chrome 瀏覽器)，在網址列輸入

『http://localhost/iot/barcode/dataadd.php?field1=112233445566&field2=471477802551
53』後，按下『Enter』鍵完成輸入(我們使用開發端與測試端同一機之本機測試)。

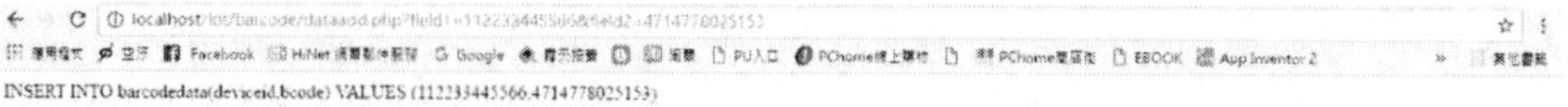

INSERT INTO barcodedata(deviceid,bcode) VALUES (112233445566,4714778025153)

圖 60 瀏覽器進行 dataadd 程式測試畫面

使用瀏覽器進行資料瀏覽

如下圖所示，我們使用瀏覽器進行資料瀏覽，本方法是使用開發端與測試端同一機之本機測試，請打開瀏覽器(本為文 Chrome 瀏覽器)，在網址列輸入『http://localhost/iot/barcode/datalist.php』後，按下『Enter』鍵完成輸入。

序號	日期	條碼	機號	功能
1	2017-03-16 01:06:06	4714778025153	112233445566	查看 刪除

第一頁 上一頁 下一頁 最後一頁

http://localhost/iot/barcode/datalist.php

圖 61 使用瀏覽器進行資料瀏覽畫面

完成伺服器程式設計

如上圖所示，我們使用瀏覽器進行資料瀏覽，我可以知道，透過 php Get 的方法，使用 Get 方法，在網址列，透過參數傳遞(使用參數名=內容)的方法，我們已經可以將資料正常送入網頁的資料庫了。

章節小結

本章主要介紹在建立雲端平台上(本文使用 Apache & mySql & PHP 等)的資料庫連接介面程式，進而建立裝置的感測資料對應的資料上傳程式，進而可以輕鬆在網路環境下，在雲端平台上傳感測裝置的資料。

5

CHAPTER

系統整合與開發

接下來我們建立條碼掃描模組的完整電路，進行在 Ameba 8195AM 開發板連接整個裝置，透過 Wifi 與熱點連接後，連上網際網路，將整個資料傳送到雲端網站。

接下來我們必須先建立條碼掃描模組的完整電路，並將整個電路與 Ameba 8195AM 開發板整合連接。

硬體組立

YHD - M100 的條碼掃描模組已經轉成 RS-232 之 DB9 母接頭，如下圖.(a)所示，我們看 DB9 的母頭接腳，知道一般使用 RS-232 通訊的裝置，大多是 DB9 的母頭接腳(DB9 Female Connector)，所以可以參考下圖.(b)所示，了解基本上我們只會用到 B9 的 2、3、5 接腳。

(a). DB9 母頭接腳圖

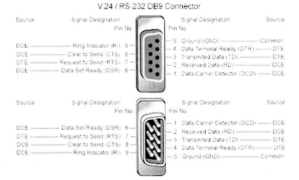

(b). RS-232 之 DB9 接頭定義圖

圖 62 RS-232 之 DB9 接頭定義圖

如下圖.(a)所示，因為連接 YHD - M100 的條碼掃描模組，所以我們使用 DB9 轉隨插腳位模組來簡單跳腺，其跳線原理如上圖.(b)所示，我們必須遵循 RS-232 通訊方式，如下表所示，所以我們使用兩組 DB9 公頭轉隨插腳位模組來進行跳線，其腳位如下表所示：

表 17 RS-232 之 DB9 跳線接腳一覽表

左邊	左邊接腳	右邊接腳	右邊
	腳位 2 (RXD)	腳位 3 (TXD)	
	腳位 3 (TXD)	腳位 2 (RXD)	
	腳位 5 (GND)	腳位 5 (GND)	

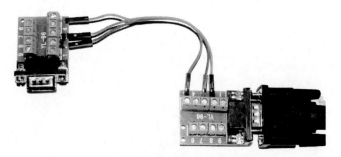

(a). DB9 轉隨插腳位模組

(b). 利用兩組 DB9 轉隨插腳位模組進行跳線

圖 63 RS-232 之 DB9 跳線接腳圖

如上圖.(b)所示，我們可以完成跳線後，將 YHD - M100 的條碼掃描模組 2 之 DB9 接頭接到右邊的 DB9 轉隨插腳位模組，完成如上圖.(b)所示之電路。

條碼掃描模組轉接開發板

如下圖所示，我們使用ＴＴＬ轉 RS-232 模組來轉換 RS-232 到ＴＴＬ之電氣訊號，避免 RS-232 的高電壓電氣訊號燒壞我們要使用的微處理機。

圖 64 ＴＴＬ轉 RS-232 模組

如下圖.(a)所示，我們將ＴＴＬ轉 RS-232 模組連接 DB9 轉隨插腳位模組，進而間接連到 YHD - M100 的條碼掃描模組，如如下圖.(b)所示，完成訊號線得連接電路。

(a). TTL 轉 RS-232 模組之腳位

(b). TTL 模組連接 DB9 轉隨插腳位模組

圖 65 TTL 模組連接 DB9 轉隨插腳位模組

　　如上圖.(b)所示，我們將 TTL 轉 RS-232 模組腳位 5 接在 YHD - M100 的條碼掃描模組腳位 5、TTL 轉 RS-232 模組腳位 3 接在 YHD - M100 的條碼掃描模組腳位 2（R x）、TTL 轉 RS-232 模組腳位 2 接在 YHD - M100 的條碼掃描模組腳位 3（T x），完成下圖所示之電路圖

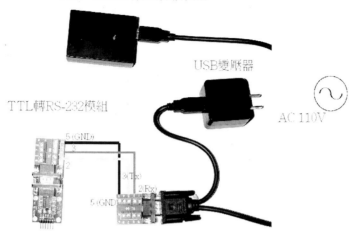

圖 66 TTL 轉 RS-232 模組連接條碼掃描模組

如下圖所示，最後我們完成的硬體線路如下：

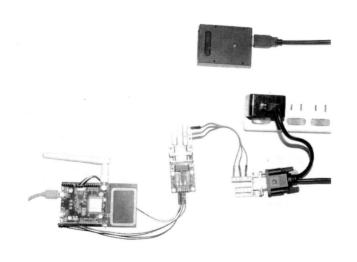

圖 67 整合電路產品原型

上傳條碼資料到網頁資料庫

我們已經使用 YHD‑M100 的條碼掃描模組，來取得出貨的資料，再來我們可以將取得的條碼資料上傳到我們開發的 Apache 網頁伺服器，透過原有的 php 程式，將資料送到 mySQL 資料庫。

所以我們遵照前幾章所述，將 Ameba RTL8195AM 開發板的驅動程式安裝好之後，我們打開 Ameba RTL8195AM 開發板的開發工具：Sketch IDE 整合開發軟體(軟體下載請到：https://www.arduino.cc/en/Main/Software，安裝 Ameba RTL8195AM SDK 請參考附錄之 Ameba RTL8195AM 安裝驅動程式)，攥寫一段程式，如下表所示之上傳條碼資料資料到網頁資料庫程式一，我們就可以將讀取的條碼資料上傳到雲端平台了。

表 18 上傳條碼資料資料到網頁資料庫程式一

上傳條碼資料資料到網頁資料庫程式一(BarCodetoMySql)

#include <SoftwareSerial.h>
 	
#define TXPin 1
#define RXPin 0
char c;
#define BarCodeLength 13
#define BarCodeEnd 0x0D
char BarCodeData[BarCodeLength] ;
String BarCodeString ;
#include <WiFi.h>
 	
char ssid[] = "IOT";   // your network SSID (name)
char pass[] = "iot12345";   // your network password
int keyIndex = 0;   // your network key Index number (needed only for WEP)
int status = WL_IDLE_STATUS;

```
char server[] = "192.168.88.102";      // name address for Google (using DNS)
int serverPort = 80 ;


#include "String.h"


SoftwareSerial mySerial(RXPin, TXPin); // RX, TX // RX, TX

String strGet="GET /iot/barcode/dataadd.php";
String strHttp=" HTTP/1.1";
String strHost="Host: 192.168.88.102";    //OK
   String connectstr ;
WiFiClient client;
IPAddress   Meip ,Megateway ,Mesubnet ;
String MacAddress ;
uint8_t MacData[6];

void setup() {
   // put your setup code here, to run once:
    Serial.begin(9600) ;
       mySerial.begin(9600) ;


       // check for the presence of the shield:
   if (WiFi.status() == WL_NO_SHIELD) {
      Serial.println("WiFi shield not present");
      // don't continue:
      while (true);
   }
   String fv = WiFi.firmwareVersion();
   if (fv != "1.1.0") {
      Serial.println("Please upgrade the firmware");
   }
   // attempt to connect to Wifi network:
   while (status != WL_CONNECTED) {
      Serial.print("Attempting to connect to SSID: ");
      Serial.println(ssid);
       // Connect to WPA/WPA2 network. Change this line if using open or WEP net-
work:
```

```
      status = WiFi.begin(ssid, pass);
        GetWifiMac() ;
      // wait 10 seconds for connection:
      delay(3000);
    }
  Serial.println("Connected to wifi");
  ShowInternetStatus();
      Serial.println("Read Bar Code Program Start    ") ;
}// END Setup




void loop() {



      if (mySerial.available() > 0)
          {
            GetBarCode() ;
            if (BarCodeData[0] != char(0x00) )        //compare correct data
                {
                      Serial.println(BarCodeString) ;    //show Bar Code
                      SendBarCodetoWIFI() ;      // Send to Cloud
                }
          }



}

void SendBarCodetoWIFI()
{
    connectstr = "?field1=" + MacAddress+"&field2="+ BarCodeData;
    Serial.println(connectstr) ;
        if (client.connect(server, serverPort)) {
              Serial.print("Make a HTTP request ... ");
              //### Send to Server
              String strHttpGet = strGet + connectstr + strHttp;
              Serial.println(strHttpGet);
              client.println(strHttpGet);
```

```
                    client.println(strHost);
                    client.println();
                }

    if (client.connected()) {
        client.stop();    // DISCONNECT FROM THE SERVER
    }



}
void GetBarCode()
{
        BarCodeData[0] = 0x00;
        char cc[100];
        int len = 0 ;
        while (mySerial.available() > 0)
            {
                    cc[len] = mySerial.read() ;      // read Serial dara
                    /*
                    Serial.print(len) ;
                    Serial.print("/") ;
                    Serial.print(cc[len]) ;
                    Serial.print("/") ;
                    Serial.print(cc[len],HEX) ;
                    Serial.print("\n") ;
                    */

                    if ((cc[len] == char(BarCodeEnd)) | (len >100) )
                        {
                                // compare read CR(0x13) char symbol
                                if (len == BarCodeLength)
                                    {
                                            // if correct length
                                            TransformBarCode(&cc[0], len,&BarCodeData[0]) ;
                                            BarCodeString = String(BarCodeData) ;
                                            //copy data into Bar Code data without 0x13
                                            // Serial.println("Get ok Code and ENter Transform") ;
                                            return ;
```

```
                        }
                        else
                        {
                            // not correct length
                            BarCodeString[0] = 0x00 ;
                              Serial.println("Get Err ") ;
                                return ;
                        }
                }
            len ++ ;
        }

    Serial.println("read end exit") ;
    BarCodeString[0] = 0x00 ;
}


void TransformBarCode(char *srccc, int len, char *tarcc)
{
    //copy data into Bar Code data without 0x13
        for (int i = 0 ; i < len; i++)
            {
                *(tarcc+i) = *(srccc+i) ;    //copy data into Bar Code data without
0x13
            }


}
void ShowMac()
{

        Serial.print("MAC:");
        Serial.print(MacAddress);
        Serial.print("\n");


}
```

```
String GetWifiMac()
{
    String tt ;
     String t1,t2,t3,t4,t5,t6 ;
     WiFi.status();        //this method must be used for get MAC
    WiFi.macAddress(MacData);

    Serial.print("Mac:");
     Serial.print(MacData[0],HEX) ;
     Serial.print("/");
     Serial.print(MacData[1],HEX) ;
     Serial.print("/");
     Serial.print(MacData[2],HEX) ;
     Serial.print("/");
     Serial.print(MacData[3],HEX) ;
     Serial.print("/");
     Serial.print(MacData[4],HEX) ;
     Serial.print("/");
     Serial.print(MacData[5],HEX) ;
     Serial.print("~");

     t1 = print2HEX((int)MacData[0]);
     t2 = print2HEX((int)MacData[1]);
     t3 = print2HEX((int)MacData[2]);
     t4 = print2HEX((int)MacData[3]);
     t5 = print2HEX((int)MacData[4]);
     t6 = print2HEX((int)MacData[5]);
    tt = (t1+t2+t3+t4+t5+t6) ;
    tt.toUpperCase() ;
    MacAddress = tt ;
Serial.print(tt);
Serial.print("\n");

    return tt ;
}
String   print2HEX(int number) {
    String ttt ;
    if (number >= 0 && number < 16)
```

```
  {
    ttt = String("0") + String(number,HEX);
  }
  else
  {
      ttt = String(number,HEX);
  }
  return ttt ;
}




void ShowInternetStatus()
{

        if (WiFi.status())
          {
                  Meip = WiFi.localIP();
                  Serial.print("Get IP is:");
                  Serial.print(Meip);
                  Serial.print(" , MAC is:");
                  Serial.print(MacAddress);
                  Serial.print("\n");


          }
          else
          {
                          Serial.print("DisConnected:");
                          Serial.print("\n");

          }

}

void initializeWiFi() {
  while (status != WL_CONNECTED) {
    Serial.print("Attempting to connect to SSID: ");
    Serial.println(ssid);
```

```
    // Connect to WPA/WPA2 network. Change this line if using open or WEP net-
work:
    status = WiFi.begin(ssid, pass);
//    status = WiFi.begin(ssid);

    // wait 10 seconds for connection:
    delay(10000);
}
Serial.print("\n Success to connect AP:") ;
Serial.print(ssid) ;
Serial.print("\n") ;

}

void printWifiData() {
    // print your WiFi shield's IP address:
    IPAddress ip = WiFi.localIP();
    Serial.print("IP Address: ");
    Serial.println(ip);

    // print your subnet mask:
    IPAddress subnet = WiFi.subnetMask();
    Serial.print("NetMask: ");
    Serial.println(subnet);

    // print your gateway address:
    IPAddress gateway = WiFi.gatewayIP();
    Serial.print("Gateway: ");
    Serial.println(gateway);
    Serial.println();
}

void printCurrentNet() {
    // print the SSID of the AP:
    Serial.print("SSID: ");
    Serial.println(WiFi.SSID());

    // print the MAC address of AP:
```

```
byte bssid[6];
WiFi.BSSID(bssid);
Serial.print("BSSID: ");
Serial.print(bssid[0], HEX);
Serial.print(":");
Serial.print(bssid[1], HEX);
Serial.print(":");
Serial.print(bssid[2], HEX);
Serial.print(":");
Serial.print(bssid[3], HEX);
Serial.print(":");
Serial.print(bssid[4], HEX);
Serial.print(":");
Serial.println(bssid[5], HEX);

// print the encryption type:
byte encryption = WiFi.encryptionType();
Serial.print("Encryption Type:");
Serial.println(encryption, HEX);
Serial.println();
}
```

　　如下圖所示，我們必須先注意，Ameba RTL 8195 開發板聯網的網域必須可以

連到測試的網站方能進行測試，等這一切就緒後，可以看到上傳條碼資料資料到

網頁資料庫程式一結果畫面。

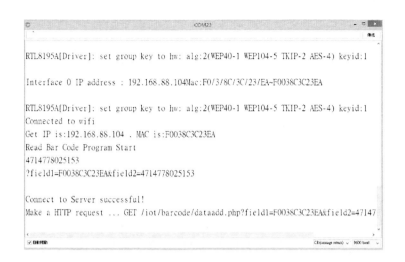

圖 68 上傳條碼資料資料到網頁資料庫程式一結果畫面

　　如下圖所示，我們可以使用瀏覽器，透過我們已開發 php 程式：datalist.php，

看到網頁上顯示上傳條碼資料的結果畫面。

序號	日期	條碼	網號	功能
1	2017-03-16 01:06:06	4714778025153	11223344556	查看 刪除
2	2017-03-16 16:24:42	4714778025153	11223344556	查看 刪除
3	2017-03-16 16:25:22	4714778025153	11223344556	查看 刪除
4	2017-03-16 16:26:28	4714778025153	F0038C3C23EA	查看 刪除
5	2017-03-16 16:31:58	4714778025153	F0038C3C23EA	查看 刪除
6	2017-03-16 16:32:19	4714778025153	F0038C3C23EA	查看 刪除
7	2017-03-16 16:32:37	4714778025153	F0038C3C23EA	查看 刪除
8	2017-03-16 16:32:44	4714778025153	F0038C3C23EA	查看 刪除
9	2017-03-16 16:32:48	4714778025153	F0038C3C23EA	查看 刪除

第一頁 上一頁 下一頁 最後一頁

圖 69 網頁上顯示上傳條碼資料的結果畫面

實體展示

最後，如下圖所示，我們將上面所有的零件，電路連接完成後，完整顯示在下圖中，我們可以發現，主要組件為 YHD - M100 的條碼掃描模組與 Ameba RTL 8195 開發板，之間就是ＴＴＬ轉 RS-232 模組與跳線模組，整個使用元件非常少，如果讀者閱讀完本文後，可以自行完成如筆者一樣的產品，並可以將之濃縮到非常小的盒子當中，如此我們可以讓工業上的控制，開始將出貨資料傳送到網際網路的方式進行監控與管理。

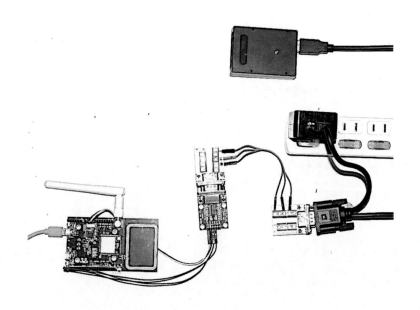

圖 70 整合電路產品原型

299

章節小結

本章最後介紹硬體整合與資料收集裝置的韌體開發,最後展示功能與雲端平台上資料展示,由於驗收產品的料號,已經透過條碼數位化,而這些資料又可以上傳到雲端平台與資料庫,接下來就是企業資源系統(ERP)與物料需求計劃(MRP)等企業資訊系統的整合,這部分並非本書的主旨,讀者可以繼續學習企業資源系統(ERP)與物料需求計劃(MRP)等企業資訊系統的整合的管理知識與開發技巧等相關能力。

本書總結

　　本書為工業流程控制系統開發之流程雲端化的開發書籍，主要介紹流程自動化的一環，驗收自動化，然而在台灣，已有許許多多的工廠，大量使用電腦資訊科技，但是生產線上的驗收或出貨控制，雖然已經大量使用條碼、RFID、甚至是 QR Code…等等，但是在最終出貨處，仍有許多工廠還在仍然採用人工掃描出貨產品的條碼等，來做為出貨的憑據。

　　所以本書主要引入自動化的概念，進行流程雲端化：也就是將人工驗收作業轉化成條碼掃描，針對工業上出貨自動化控管與雲端監控，當然，宥於本文篇幅與簡易易懂的因素，本文實作沒有將系統規模做的很大，而是將系統運用的方式，實地演練一次，相信許多讀者已經躍躍欲試想要將產業上面對的問題，開始套用本文的方式開始改善，並且所需要的成本只要一張Ameba RTL 8195開發板與TTL轉RS485模組， YHD‑M100的條碼掃描模組，這些零件只要新台幣百來元就可以買到，這對許多工業4.0入門系統開發者或學子，可以說是天大的福音。

作者介紹

曹永忠 (Yung-Chung Tsao)，國立中央大學資訊管理學系博士，目前在國立暨南國際大學電機工程學系與靜宜大學資訊工程學系兼任助理教授與自由作家，專注於軟體工程、軟體開發與設計、物件導向程式設計、物聯網系統開發、Arduino開發、嵌入式系統開發。長期投入資訊系統設計與開發、企業應用系統開發、軟體工程、物聯網系統開發、軟硬體技術整合等領域，並持續發表作品及相關專業著作。

Email:prgbruce@gmail.com

Line ID：dr.brucetsao

WeChat：dr_brucetsao

作者網站：https://www.cs.pu.edu.tw/~yctsao/

臉書社群(Arduino.Taiwan)：

https://www.facebook.com/groups/Arduino.Taiwan/

Github 網站：https://github.com/brucetsao/

原始碼網址：https://github.com/brucetsao/eProduct_Process

Youtube：

https://www.youtube.com/channel/UCcYG2yY_u0m1aotcA4hrRgQ

相　　關　　書　　籍　　網　　址　：

https://www.cs.pu.edu.tw/~yctsao/mybookstore.php

許智誠 (Chih-Cheng Hsu)，美國加州大學洛杉磯分校(UCLA) 資訊工程系博士，曾任職於美國 IBM 等軟體公司多年，現任教於中央大學資訊管理學系專任副教授，主要研究為軟體工程、設計流程與自動化、數位教學、雲端裝置、多層式網頁系統、系統整合、金融資料探勘、Python 建置(金融)資料探勘系統。

Email: khsu@mgt.ncu.edu.tw

作者網頁：http://www.mgt.ncu.edu.tw/~khsu/

蔡英德 (Yin-Te Tsai)，國立清華大學資訊科學系博士，目前是靜宜大學資訊傳播工程學系教授、靜宜大學資訊學院院長，主要研究為演算法設計與分析、生物資訊、軟體開發、視障輔具設計與開發。

Email:yttsai@pu.edu.tw

作者網頁：http://www.csce.pu.edu.tw/people/bio.php?PID=6#personal_writing

附錄

附錄-指令集

功能		串口指令	十六進位指令
1.	開啟掃描無超時	NA	02 01 01 01 00 00 00 00 00 00 00 00 00 00 03 F8
2.	開啟掃描超時 3 秒	NA	02 01 01 02 B8 0B 00 00 00 00 00 00 00 00 03 34
3.	開啟掃描超時 10 秒	NA	02 01 01 02 10 27 00 00 00 00 00 00 00 00 03 C0
4.	關閉掃描	NA	02 01 01 00 00 00 00 00 00 00 00 00 00 00 03 F9
5.	恢復默認設置	000B0	02 02 06 82 30 30 30 42 30 00 00 00 00 00 03 6F
6.	查看軟體版本	000A0	02 02 06 82 30 30 30 41 30 00 00 00 00 00 03 70
7.	啟動設置碼	09990	02 02 06 82 30 39 39 39 30 00 00 00 00 00 03 66
8.	關閉設置碼	09991	02 02 06 82 30 39 39 39 31 00 00 00 00 00 03 65
9.	設置碼發送	02501	02 02 06 82 30 32 35 30 31 00 00 00 00 00 03 79
10.	設置碼不發送	02500	02 02 06 82 30 32 35 30 30 00 00 00 00 00 03 7A
11.	手動識讀模式	013300	02 02 07 82 30 31 33 33 30 30 00 00 00 00 03 49
12.	常亮識讀模式	013304	02 02 07 82 30 31 33 33 30 34 00 00 00 00 03 45
13.	開啟感應識讀模式	02311	02 02 06 82 30 32 33 31 31 00 00 00 00 00 03 7A
14.	關閉感應識讀模式	02310	02 02 06 82 30 32 33 31 30 00 00 00 00 00 03 7B
15.	閃爍識讀模式（按鍵開）	013306	02 02 07 82 30 31 33 33 30 36 00 00 00 00 03 43
16.	閃爍識讀模式（按鍵關）	013305	02 02 07 82 30 31 33 33 30 35 00 00 00 00 03 44
17.	按鍵延時單次識讀模式	013301	02 02 07 82 30 31 33 33 30 31 00 00 00 00 03 48
18.	超時 1 秒	023510	02 02 07 82 30 32 33 35 31 30 00 00 00 00 03 45
19.	超時 3 秒	023530	02 02 07 82 30 32 33 35 33 30 00 00 00 00 03 43
20.	超時 10 秒	0235A0	02 02 07 82 30 32 33 35 41 30 00 00 00 00 03 35

21.	超時 15 秒	0235F0	02 02 07 82 30 32 33 35 46 30 00 00 00 00 03 30
22.	開啟解碼聲音	014201	02 02 07 82 30 31 34 32 30 31 00 00 00 00 03 48
23.	關閉解碼聲音	014200	02 02 07 82 30 31 34 32 30 30 00 00 00 00 03 49
24.	聲音增大	014300	02 02 07 82 30 31 34 33 30 30 00 00 00 00 03 48
25.	聲音減小	014301	02 02 07 82 30 31 34 33 30 31 00 00 00 00 03 47
26.	聲音頻率 2.0KHZ	0145800	02 02 08 82 30 31 34 35 38 30 30 00 00 00 00 03 0D
27.	聲音頻率 2.7KHZ	0145AAA	02 02 08 82 30 31 34 35 41 41 41 00 00 00 00 03 E2
28.	允許 USB 快傳	02301	02 02 06 82 30 32 33 30 31 00 00 00 00 03 7B
29.	禁止 USB 快傳	02300	02 02 06 82 30 32 33 30 30 00 00 00 00 03 7C
30.	傳送速率快	001500	02 02 07 82 30 30 31 35 30 30 00 00 00 00 03 4A
31.	傳送速率適中	001502	02 02 07 82 30 30 31 35 30 32 00 00 00 00 03 48
32.	傳送速率慢	001504	02 02 07 82 30 30 31 35 30 34 00 00 00 00 03 46
33.	傳送速率最慢	001506	02 02 07 82 30 30 31 35 30 36 00 00 00 00 03 44
34.	圖像正常識別	00161	02 02 06 82 30 30 31 36 31 00 00 00 00 03 79
35.	圖像反向識別	024B002.	02 02 06 82 30 30 31 36 30 00 00 00 00 03 7A
36.	USB-KBW	000602	02 02 07 82 30 30 30 36 30 32 00 00 00 00 03 48
37.	PS2	000600	02 02 07 82 30 30 30 36 30 30 00 00 00 00 03 4A
38.	USB-COM	000603	02 02 07 82 30 30 30 36 30 33 00 00 00 00 03 47
39.	TTL/RS232	000601	02 02 07 82 30 30 30 36 30 31 00 00 00 00 03 49
40.	串列傳輸速率 600bps	000701	02 02 07 82 30 30 30 37 30 31 00 00 00 00 03 48
41.	串列傳輸速率 1200bps	000702	02 02 07 82 30 30 30 37 30 32 00 00 00 00 03 47
42.	串列傳輸速率 2400bps	000703	02 02 07 82 30 30 30 37 30 33 00 00 00 00 03 46
43.	串列傳輸速率 4800bps	000704	02 02 07 82 30 30 30 37 30 34 00 00 00 00 03 45
44.	串列傳輸速率 9600bps	000705	02 02 07 82 30 30 30 37 30 35 00 00 00 00 03 44

45.	串列傳輸速率 19200bps	000706	02 02 07 82 30 30 30 37 30 36 00 00 00 00 00 03 43
46.	串列傳輸速率 38400bps	000707	02 02 07 82 30 30 30 37 30 37 00 00 00 00 00 03 42
47.	串列傳輸速率 57600bps	000708	02 02 07 82 30 30 30 37 30 38 00 00 00 00 00 03 41
48.	串列傳輸速率 115200bps	000709	02 02 07 82 30 30 30 37 30 39 00 00 00 00 00 03 40
49.	傳送 CODE ID	01401	02 02 06 82 30 31 34 30 31 00 00 00 00 00 03 7B
50.	不傳送 CODE ID	01400	02 02 06 82 30 31 34 30 30 00 00 00 00 00 03 7C
51.	添加自訂首碼	0223XX	XX 為"附錄-字元表"對應字元的十六進位代碼,每次添加一個,可累計添加。例:添加字元 A（0x41）,設置碼為 022341,指令為:02 02 07 82 30 32 32 33 34 31 00 00 00 00 00 03 44
52.	清除所有首碼	02220	02 02 06 82 30 32 32 32 30 00 00 00 00 00 03 7B
53.	添加自訂尾碼	0221XX	XX 為"附錄-字元表"對應字元的十六進位代碼,每次添加一個,可累計添加。例:添加字元 B（0x42）,設置碼為 022142,指令為:02 02 07 82 30 32 32 31 34 32 00 00 00 00 00 03 45
54.	清除所有尾碼	02200	02 02 06 82 30 32 32 30 30 00 00 00 00 00 03 7D
55.	隱藏前置 1 位元字元	023401	02 02 07 82 30 32 33 34 30 31 00 00 00 00 00 03 46
56.	隱藏前置 2 位元字元	023402	02 02 07 82 30 32 33 34 30 32 00 00 00 00 00 03 45
57.	隱藏前置 3 位元字元	023403	02 02 07 82 30 32 33 34 30 33 00 00 00 00 00 03 44
58.	隱藏前置 5 位元字元	023405	02 02 07 82 30 32 33 34 30 33 00 00 00 00 00 03 44
59.	取消隱藏前置字元	023400	02 02 07 82 30 32 33 34 30 30 00 00 00 00 00 03 47
60.	隱藏後置 1 位元字元	023301	02 02 07 82 30 32 33 33 30 31 00 00 00 00 00 03 47
61.	隱藏後置 2 位元字元	023302	02 02 07 82 30 32 33 33 30 32 00 00 00 00 00 03 46
62.	隱藏後置 3 位元字元	023303	02 02 07 82 30 32 33 33 30 33 00 00 00 00 00 03 45
63.	隱藏後置 5 位元字元	023305	02 02 07 82 30 32 33 33 30 35 00 00 00 00 00 03 43
64.	取消隱藏後置字元	023300	02 02 07 82 30 32 33 33 30 30 00 00 00 00 00 03 48
65.	隱藏中間字元第 1 位元開始	024001	02 02 07 82 30 32 34 30 30 31 00 00 00 00 00 03 49

66.	隱藏中間字元第 2 位元開始	024002	02 02 07 82 30 32 34 30 30 32 00 00 00 00 00 03 48
67.	隱藏中間字元第 3 位元開始	024003	02 02 07 82 30 32 34 30 30 33 00 00 00 00 00 03 47
68.	隱藏中間字元第 4 位元開始	024004	02 02 07 82 30 32 34 30 30 34 00 00 00 00 00 03 46
69.	隱藏中間字元第 5 位元開始	024005	02 02 07 82 30 32 34 30 30 35 00 00 00 00 00 03 45
70.	隱藏中間字元第 6 位元開始	024006	02 02 07 82 30 32 34 30 30 36 00 00 00 00 00 03 44
71.	隱藏中間字元第 7 位元開始	024007	02 02 07 82 30 32 34 30 30 37 00 00 00 00 00 03 43
72.	隱藏中間字元第 8 位元開始	024008	02 02 07 82 30 32 34 30 30 38 00 00 00 00 00 03 42
73.	隱藏中間 1 位元字元	023901	02 02 07 82 30 32 33 39 30 31 00 00 00 00 00 03 41
74.	隱藏中間 2 位元字元	023902	02 02 07 82 30 32 33 39 30 32 00 00 00 00 00 03 40
75.	隱藏中間 3 位元字元	023903	02 02 07 82 30 32 33 39 30 33 00 00 00 00 00 03 3F
76.	隱藏中間 4 位元字元	023904	02 02 07 82 30 32 33 39 30 34 00 00 00 00 00 03 3E
77.	隱藏中間 5 位元字元	023905	02 02 07 82 30 32 33 39 30 35 00 00 00 00 00 03 3D
78.	隱藏中間 6 位元字元	023906	02 02 07 82 30 32 33 39 30 36 00 00 00 00 00 03 3C
79.	隱藏中間 7 位元字元	023907	02 02 07 82 30 32 33 39 30 37 00 00 00 00 00 03 3B
80.	隱藏中間 8 位元字元	023908	02 02 07 82 30 32 33 39 30 38 00 00 00 00 00 03 3A
81.	取消隱藏中間字元	023300	02 02 07 82 30 32 33 39 30 30 00 00 00 00 00 03 42
82.	添加回車	0212@«CR»	02 02 07 82 30 32 31 32 40 0D 00 00 00 00 00 03 5E
83.	添加換行	0212@«LF»	02 02 07 82 30 32 31 32 40 0A 00 00 00 00 00 03 61
84.	添加回車換行	0213@«CR»«LF»	02 02 08 82 30 32 31 33 40 0D 0A 00 00 00 00 03 52
85.	添加 Tab	0122@«HT»	02 02 07 82 30 32 31 32 40 09 00 00 00 00 00 03 62
86.	結束符無	0210@	02 02 06 82 30 32 31 30 40 00 00 00 00 00 00 03 6E
87.	字元轉換-Normal	02510	02 02 06 82 30 32 35 31 30 00 00 00 00 00 00 03 79
88.	字元轉換-Upper	02511	02 02 06 82 30 32 35 31 31 00 00 00 00 00 00 03 78

89.	字元轉換-Lower	02512	02 02 06 82 30 32 35 31 32 00 00 00 00 00 03 77
90.	字元轉換-Inverse	02513	02 02 06 82 30 32 35 31 33 00 00 00 00 00 03 76
91.	允許識讀 UPC-A	000341	02 02 07 82 30 30 30 33 34 31 00 00 00 00 03 48
92.	禁止識讀 UPC-A	000340	02 02 07 82 30 30 30 33 34 30 00 00 00 00 03 49
93.	UPC-A 傳送校驗位	00421	02 02 06 82 30 30 34 32 31 00 00 00 00 00 03 7A
94.	UPC-A 不傳送校驗位	00420	02 02 06 82 30 30 34 32 30 00 00 00 00 00 03 7B
95.	UPC-A 傳送系統字元	00400	02 02 06 82 30 30 34 30 30 00 00 00 00 00 03 7D
96.	UPC-A 不傳送系統字元	00401	02 02 06 82 30 30 34 30 31 00 00 00 00 00 03 7C
97.	UPC-A 條碼資訊擴展	00391	02 02 06 82 30 30 33 39 31 00 00 00 00 00 03 74
98.	UPC-A 條碼資訊不擴展	00390	02 02 06 82 30 30 33 39 30 00 00 00 00 00 03 75
99.	允許識讀 UPC-E	00351	02 02 06 82 30 30 33 35 31 00 00 00 00 00 03 78
100.	禁止識讀 UPC-E	00350	02 02 06 82 30 30 33 35 30 00 00 00 00 00 03 79
101.	UPC-E 傳送校驗位	00441	02 02 06 82 30 30 34 34 31 00 00 00 00 00 03 78
102.	UPC-E 不傳送校驗位	00440	02 02 06 82 30 30 34 34 30 00 00 00 00 00 03 79
103.	UPC-E 傳送系統字元	00430	02 02 06 82 30 30 34 33 30 00 00 00 00 00 03 7A
104.	UPC-E 不傳送系統字元	00431	02 02 06 82 30 30 34 33 31 00 00 00 00 00 03 79
105.	UPC-E 條碼資訊擴展	00381	02 02 06 82 30 30 33 38 31 00 00 00 00 00 03 75
106.	UPC-E 條碼資訊不擴展	00380	02 02 06 82 30 30 33 38 30 00 00 00 00 00 03 76
107.	允許識讀 EAN-8	00371	02 02 06 82 30 30 33 37 31 00 00 00 00 00 03 76
108.	禁止識讀 EAN-8	00370	02 02 06 82 30 30 33 37 30 00 00 00 00 00 03 77
109.	EAN-8 傳送校驗位	00571	02 02 06 82 30 30 35 37 31 00 00 00 00 00 03 74
110.	EAN-8 不傳送校驗位	00570	02 02 06 82 30 30 35 37 30 00 00 00 00 00 03 75
111.	EAN-8 傳送系統字元	00560	02 02 06 82 30 30 35 36 30 00 00 00 00 00 03 76
112.	EAN-8 不傳送系統字元	00561	02 02 06 82 30 30 35 36 31 00 00 00 00 00 03 75

113.	允許識讀 EAN-13	00361	02 02 06 82 30 30 33 36 31 00 00 00 00 00 03 77
114.	禁止識讀 EAN-13	00360	02 02 06 82 30 30 33 36 30 00 00 00 00 00 03 78
115.	EAN-13 傳送校驗位	00461	02 02 06 82 30 30 34 36 31 00 00 00 00 00 03 76
116.	EAN-13 不傳送校驗位	00460	02 02 06 82 30 30 34 36 30 00 00 00 00 00 03 77
117.	EAN-13 擴展 ISBN	00481	02 02 06 82 30 30 34 38 31 00 00 00 00 00 03 74
118.	EAN-13 不擴展 ISBN	00480	02 02 06 82 30 30 34 38 30 00 00 00 00 00 03 75
119.	EAN-13 擴展 ISSN	01501	02 02 06 82 30 31 35 30 31 00 00 00 00 00 03 7A
120.	EAN-13 不擴展 ISSN	01500	02 02 06 82 30 31 35 30 30 00 00 00 00 00 03 7B
121.	允許識讀 Code 128	00691	02 02 06 82 30 30 36 39 31 00 00 00 00 00 03 71
122.	禁止識讀 Code 128	00690	02 02 06 82 30 30 36 39 30 00 00 00 00 00 03 72
123.	允許識讀 Code 39	00221	02 02 06 82 30 30 32 32 31 00 00 00 00 00 03 7C
124.	禁止識讀 Code 39	00220	02 02 06 82 30 30 32 32 30 00 00 00 00 00 03 7D
125.	Code 39 傳送起始/結束字元	00281	02 02 06 82 30 30 32 38 31 00 00 00 00 00 03 76
126.	Code 39 不傳送起始/結束字元	00280	02 02 06 82 30 30 32 38 30 00 00 00 00 00 03 77
127.	Code 39 識別全 ASCII 字元	00231	02 02 06 82 30 30 32 33 31 00 00 00 00 00 03 7B
128.	Code 39 不識別全 ASCII 字元	00230	02 02 06 82 30 30 32 33 30 00 00 00 00 00 03 7C
129.	允許識讀 Code 93	00621	02 02 06 82 30 30 36 32 31 00 00 00 00 00 03 78
130.	禁止識讀 Code 93	00620	02 02 06 82 30 30 36 32 30 00 00 00 00 00 03 79
131.	Code 93 傳送校驗	01901	02 02 06 82 30 31 39 30 31 00 00 00 00 00 03 76
132.	Code 93 不傳送校驗	01900	02 02 06 82 30 31 39 30 30 00 00 00 00 00 03 77
133.	允許識讀 Code 11	01261	02 02 06 82 30 31 32 36 31 00 00 00 00 00 03 77
134.	禁止識讀 Code 11	01260	02 02 06 82 30 31 32 36 30 00 00 00 00 00 03 78
135.	Code 11 C 校驗	01272	02 02 06 82 30 31 32 37 32 00 00 00 00 00 03 75
136.	Code 11 CK 校驗	01273	02 02 06 82 30 31 32 37 33 00 00 00 00 00 03 74

137.	Code 11 自動 CK 校驗	01271	02 02 06 82 30 31 32 37 31 00 00 00 00 00 03 76
138.	允許識讀 Interleaved 2 of 5	00961	02 02 06 82 30 30 39 36 31 00 00 00 00 00 03 71
139.	禁止識讀 Interleaved 2 of 5	00960	02 02 06 82 30 30 39 36 30 00 00 00 00 00 03 72
140.	允許識讀 Matrix 2 of 5	01461	02 02 06 82 30 31 34 36 31 00 00 00 00 00 03 75
141.	禁止識讀 Matrix 2 of 5	01460	02 02 06 82 30 31 34 36 30 00 00 00 00 00 03 76
142.	允許識讀 Industrial 2 of 5	01061	02 02 06 82 30 31 30 36 31 00 00 00 00 00 03 79
143.	禁止識讀 Industrial 2 of 5	01060	02 02 06 82 30 31 30 36 30 00 00 00 00 00 03 7A
144.	允許識讀 Standard 2 of 5	01871	02 02 06 82 30 31 38 37 31 00 00 00 00 00 03 70
145.	禁止識讀 Standard 2 of 5	01870	02 02 06 82 30 31 38 37 30 00 00 00 00 00 03 71
146.	允許識讀 Codabar	00851	02 02 06 82 30 30 38 35 31 00 00 00 00 00 03 73
147.	禁止識讀 Codabar	00850	02 02 06 82 30 30 38 35 30 00 00 00 00 00 03 74
148.	Codabar 傳送起始/結束字元	00861	02 02 06 82 30 30 38 36 31 00 00 00 00 00 03 72
149.	Codabar 不傳送起始/結束字元	00860	02 02 06 82 30 30 38 36 30 00 00 00 00 00 03 73
150.	允許識讀 Plessey	01161	02 02 06 82 30 31 31 36 31 00 00 00 00 00 03 78
151.	禁止識讀 Plessey	01160	02 02 06 82 30 31 31 36 30 00 00 00 00 00 03 79
152.	允許識讀 MSI Plessey	01151	02 02 06 82 30 31 31 35 31 00 00 00 00 00 03 79
153.	禁止識讀 MSI Plessey	01150	02 02 06 82 30 31 31 35 30 00 00 00 00 00 03 7A
154.	允許識讀 RSS Limited	01771	02 02 06 82 30 31 37 37 31 00 00 00 00 00 03 71
155.	禁止識讀 RSS Limited	01770	02 02 06 82 30 31 37 37 30 00 00 00 00 00 03 72
156.	允許識讀 RSS Omni	01671	02 02 06 82 30 31 36 37 31 00 00 00 00 00 03 72
157.	禁止識讀 RSS Omni	01670	02 02 06 82 30 31 36 37 30 00 00 00 00 00 03 73
158.	允許識讀 China Post	01571	02 02 06 82 30 31 35 37 31 00 00 00 00 00 03 73
159.	禁止識讀 China Post	01570	02 02 06 82 30 31 35 37 30 00 00 00 00 00 03 74
160.	開啟 2 位附加位	00551	02 02 06 82 30 30 35 35 31 00 00 00 00 00 03 76

161.	開啟 5 位附加位	00552	02 02 06 82 30 30 35 35 32 00 00 00 00 00 03 75
162.	開啟 2 位和 5 位附加位	00553	02 02 06 82 30 30 35 35 33 00 00 00 00 00 03 74
163.	關閉附加位	00550	02 02 06 82 30 30 35 35 30 00 00 00 00 00 03 77
164.	強制包含附加位	02611	02 02 06 82 30 32 36 31 31 00 00 00 00 00 03 77
165.	不強制包含附加位	02610	02 02 06 82 30 32 36 31 30 00 00 00 00 00 03 78
166.	開啟應答	02421	02 02 06 82 30 32 34 32 31 00 00 00 00 00 03 78
167.	關閉應答	02420	02 02 06 82 30 32 34 32 30 00 00 00 00 00 03 79
168.	開啟回饋聲音	01411	02 02 06 82 30 31 34 31 31 00 00 00 00 00 03 7A
169.	關閉回饋聲音	01410	02 02 06 82 30 31 34 31 30 00 00 00 00 00 03 7B
170.			02 01 03 AA 55 00 00 00 00 00 00 00 00 00 03 F8

ARM32 位 Cortex V3.00

条形码扫描器设定

扫描设置码即可实现所描述功能。更多设置请向经销商索取。

- 显示版本号
- 恢复出厂设置
- 键盘/USB模式（默认）
- 串口模式9600、NO、8、1
- 自动连续扫描模式
- 按键触发
- 按键延时
- 低音量调
- 高音量调
- 关闭声音
- 小音量
- 中音量
- 高音量
- 误码率1/2000万

ARM32 位 Cortex V3.00

参数一览

工作电学参数：5/3.3 V ± 10%×100mA（待机：10mA）

扫描类型：双向单线扫描

解码CPU：ARM32位Cortex

解码软件版本号：MJ_tech V3.00

光　源：650nm可视激光二极管

触发方式：按键、自动连续、自感应

自感应参数：连续感应间隔时间：0.3S、感应手持切换时间：6S

提示方式：蜂鸣器、指示灯

打印对比度：反射系数不小于25%

读码速度：每秒200次

误　码　率：可设置1/500万、1/2000万

扫描宽度：30cm

扫	3.3mil	2mm-100mm
描	10mil	2-mm350mm
深	15.6mil	5mm-600mm
深	35mil	10mm-1000mm

扫描角度：转角±30°、倾角±45°、偏角±60°

抗　干　扰：在工厂黑暗或太阳光环境下不会对其产生影响

解码能力：UPC/EAN、含补充码的UPC/EAN、Code128、Code39、Code 39Full ASCII、Codabar、Industrial /Interleaved 2 of 5、Code93、MSI、Code11、ISBN、ISSN、Chinapost、etc

按键寿命：50万次；　激光工作寿命：一万小时

抗振寿命：从 1.5米高处多次跌落至水泥地上地面的冲击

接口类型：USB虚拟串口、RS232、KBW、USB（标配USB、2米长）

相关认证：CE、FCC、RoHS、Class I

ARM32 位 Cortex V3.00

激光条码阅读器
设置手册

32位高速CPU
V3.00

数据编辑设置码

误码率 1/1500 万

关闭条码 ID 符

条码前添加 ID 符

条码后添加 ID 符

关闭 UPC/EAN 附带码

UPC/EAN 添加两位附带码

UPC/EAN 加两/五位附带码

加后缀回车

加后缀换行

加后缀制表 Tab

加后缀换行回车

在条码前添加 STX 标识符

在条码后添加 ETX 标识符

取消后缀码

串口相关设置

先扫描串口输出模式设置码，进入串口输出模式。

默认波特率是 9600，8 位数据位，1 位停止位，无校验位。

使用串口模式，需要使用串口线材连接到设备的串口 DB9 座口，才可以使用，同时串口需要另外购置电源。

数据位 7

波特率 9600

停止位 1

波特率 14400

停止位 2

波特率 19200

奇校验

波特率 115200

偶校验

数据位 8

保修卡

致用户：感谢你使用本产品，请妥善保管此卡，并在维修时出示此卡。

用户名称		联系电话	
产品型号		产品 SN：	
购买日期	年__月__日（以发票日期为准）		

保修原则：（三个月包换保修期一年）

1. 在保修范围内免费保修。
2. 保修范围以外的维修服务，本公司按标准收取费用和维修费用。
3. 因产品故障造成的任何直接或间接损失，本公司不负任何责任。

以下情况不属于保修范围

1. 由于操作不当而导致的故障、损坏。
2. 由于使用环境不当造成的故障及损坏。
3. 不可抗力或意外，或者运输过程中造成的机械。
4. 非本公司人员、拆装设备、造成设备损坏。

经销商	
详细地址	
电 话	
经销商签章	

相关认证

合格证

型　号：__
检验员：__
出厂日期：__年__月__日

FC RoHS
CE CLASSI

-119-

參考文獻

曹永忠. (2016). 使用 Ameba 的 WiFi 模組連上網際網路. *智慧家庭*. Retrieved from http://makerpro.cc/2016/03/use-ameba-wifi-model-connect-internet/

曹永忠. (2017). 流程雲端化-將人工驗收作業轉化成條碼掃描. *Circuit Cellar 嵌入式科技*(國際中文版 NO.8), 78-87.

曹永忠, 吳佳駿, 許智誠, & 蔡英德. (2016a). *Ameba 氣氛燈程式開發(智慧家庭篇):Using Ameba to Develop a Hue Light Bulb (Smart Home)* (初版 ed.). 台湾、彰化: 渥瑪數位有限公司.

曹永忠, 吳佳駿, 許智誠, & 蔡英德. (2016b). *Ameba 程式設計(基礎篇):Ameba RTL8195AM IOT Programming (Basic Concept & Tricks)* (初版 ed.). 台湾、彰化: 渥瑪數位有限公司.

曹永忠, 吳佳駿, 許智誠, & 蔡英德. (2016c). *Ameba 程式設計(顯示介面篇):Ameba RTL8195AM IOT Programming (Display Modules)* (初版 ed.). 台湾、彰化: 渥瑪數位有限公司.

曹永忠, 吳佳駿, 許智誠, & 蔡英德. (2016d). *Ameba 程序设计(显示接口篇):Ameba RTL8195AM IOT Programming (Display Modules)* (初版 ed.). 台湾、彰化: 渥瑪數位有限公司.

曹永忠, 吳佳駿, 許智誠, & 蔡英德. (2016e). *Ameba 程序设计(基础篇):Ameba RTL8195AM IOT Programming (Basic Concept & Tricks)* (初版 ed.). 台湾、彰化: 渥瑪數位有限公司.

曹永忠, 吳佳駿, 許智誠, & 蔡英德. (2017a). *Ameba 程式設計(物聯網基礎篇):An Introduction to Internet of Thing by Using Ameba RTL8195AM* (初版 ed.). 台湾、彰化: 渥瑪數位有限公司.

曹永忠, 吳佳駿, 許智誠, & 蔡英德. (2017b). *Ameba 程序设计(物联网基础篇):An Introduction to Internet of Thing by Using Ameba RTL8195AM* (初版 ed.). 台湾、彰化: 渥瑪數位有限公司.

曹永忠, 吳佳駿, 許智誠, & 蔡英德. (2017c). *Arduino 程式設計教學(技巧篇):Arduino Programming (Writing Style & Skills)* (初版 ed.). 台湾、彰化: 渥瑪數位有限公司.

曹永忠, 許智誠, & 蔡英德. (2015a). *Arduino 程式教學(無線通訊篇):Arduino Programming (Wireless Communication)* (初版 ed.). 台湾、彰化: 渥瑪數位有限公司.

曹永忠, 許智誠, & 蔡英德. (2015b). *Arduino 编程教学(无线通讯篇):Arduino Programming (Wireless Communication)* (初版 ed.). 台湾、彰化: 渥瑪數位有限公司.

曹永忠, 許智誠, & 蔡英德. (2015c). 人類的未來－物聯網：透過

THINGSPEAK 網站監控居家亮度. *物聯網*. Retrieved from
http://makerdiwo.com/archives/4690

　　曹永忠, 許智誠,& 蔡英德.(2015d). 人類的未來－智慧家庭：如果一切
電器都可以用手機操控那該有多好. *智 慧 家 庭*. Retrieved from
http://makerdiwo.com/archives/4803

　　曹永忠, 許智誠, & 蔡英德. (2016a). *Ameba 程式教學(MQ 氣體模組
篇):Ameba RTL8195AM Programming (MQ GAS Modules)* (初版 ed.). 台灣、彰
化: 渥瑪數位有限公司.

　　曹永忠, 許智誠, & 蔡英德. (2016b). *Ameba 程序教学(MQ 气体模块
篇):Ameba RTL8195AM Programming (MQ GAS Modules)* (初版 ed.). 台灣、彰
化: 渥瑪數位有限公司.

　　曹永忠, 許智誠, & 蔡英德. (2018a). *雲端平台(系統開發基礎篇): The
Tiny Prototyping System Development based on QNAP Solution* (初版 ed.). 台灣、
彰化: 渥瑪數位有限公司.

　　曹永忠, 許智誠, & 蔡英德. (2018b). *溫溼度裝置與行動應用開發(智慧
家居篇):A Temperature & Humidity Monitoring Device and Mobile APPs Development(Smart Home Series)* (初版 ed.). 台灣、彰化: 渥瑪數位有限公司.

工業流程控制系統開發
（流程雲端化 - 自動化條碼掃描驗收）

Using Automatic Barcode Reader to Production Acceptance to Adopt the Product-Flow into Clouding Platform (Industry 4.0 Series)

作　　者：曹永忠、許智誠、蔡英德

發 行 人：黃振庭

出 版 者：崧燁文化事業有限公司

發 行 者：崧燁文化事業有限公司

E-mail：sonbookservice@gmail.com

粉 絲 頁：https://www.facebook.com/
　　　　　sonbookss/

網　　址：https://sonbook.net/

地　　址：台北市中正區重慶南路一段六十一號八
　　　　　樓 815 室

Rm. 815, 8F., No.61, Sec. 1, Chongqing S. Rd.,
Zhongzheng Dist., Taipei City 100, Taiwan

電　　話：(02) 2370-3310

傳　　真：(02) 2388-1990

印　　刷：京峯彩色印刷有限公司（京峰數位）

律師顧問：廣華律師事務所 張珮琦律師

國家圖書館出版品預行編目資料

工業流程控制系統開發 (流程雲端化 - 自動化條碼掃描驗收) = Using automatic barcode reader to production acceptance to adopt the product-flow into clouding platform(industry 4.0 series) / 曹永忠 , 許智誠 , 蔡英德著 . -- 第一版 . -- 臺北市 : 崧燁文化事業有限公司 , 2022.03
　　面；　公分
POD 版
ISBN 978-626-332-087-1(平裝)
1.CST: 自動控制 2.CST: 電腦程式設計
448.9029　　　　111001405

定　　價：280 元

發行日期：2022 年 03 月第一版

◎本書以 POD 印製

官網

臉書